W0062871

CHANT · FLUGZEUG-PROTOTYPEN

FLUGZEUG-
PROTOTYPEN

VOM SENKRECHTSTARTER ZUM STEALTH-BOMBER

CHRISTOPHER CHANT

MOTORBUCH VERLAG STUTTGART

Copyright C 1990 Quinted Publishing
Limited.
Die englische Ausgabe ist erschienen
unter dem Titel
»Aircraft Prototypes«
Die Übertragung ins Deutsche besorgte
Wolfgang Hubrich

ISBN 3-613-01487-4

1. Auflage 1992

Satz: Vaihinger Satz + Druck,
7143 Vaihingen/Enz.
Printed in Hongkong

INHALT

AMERIKANISCHE BOMBER

Der Bomber hatte sich im Zweiten Weltkrieg als die wichtigste strategische Waffe erwiesen. Die Luftangriffe auf die japanischen Städte Hiroshima und Nagasaki bewiesen dies eindeutig. Beide Städte wurden im August 1945 durch eine einzelne Boeing B-29 Superfortress angegriffen und durch Abwurf und Zündung jeweils einer Atombombe zerstört.

Oben: Die Convair B-36 als Prototyp. Mit ihr erreichte das konventionelle Bomberkonzept seinen Höhepunkt. Charakteristisch sind die übergroße Zelle und die sechs kräftigen Sternmotoren und Druckschrauben-Propeller, die in dicken Tragflächen sitzen.

Die Koppelung von Langstreckenbomber und Atomwaffe hatte sich zweifellos als ausschlaggebende Voraussetzung für eine weltweite Militärmacht erwiesen, und die USA stiegen in ein ehrgeiziges Projekt zur Entwicklung strategischer Bomber ein.

Die USA hatten die ersten Schritte bereits vor dem Zweiten Weltkrieg eingeleitet. Sie erkannten, daß die B-29 zwar ihrer Vorgängerin B-19 Fortress weit überlegen sein würde; ihr Aktionsradius aber bei einer maximalen Bombenzuladung von 9.072 kg immer noch zu gering war. Im April 1941 gab die US-Luftwaffe (USAAF) den militärischen Planungsauftrag für einen Bomber bekannt. Dieser sollte eine maximale Bombenlast von 32.659 kg (72.000 lbs) aufnehmen können, oder bei einer Bombenzuladung von 4.536 kg (10.000 lbs) einen Einsatzradius von 8.047 km erreichen. Die geforderte Reisegeschwindigkeit sollte zwischen 483 und 644 km/h liegen, und die Dienstgipfelhöhe sollte 10.670 m betragen.

Mehrere Konstruktionsvorschläge gingen auf den militärischen Planungsauftrag ein, und der Sieger wurde im November 1941 ausgewählt; einen Monat vor Kriegseintritt der USA. Es war das Consolidated Model 37, das als Prototyp XB–36 in Auftrag gegeben wurde. Gebaut wurde es schließlich von der Firma Convair, wie Consolidated nach der Fusion mit der Firma Vultee genannt wurde. Nach den Maßstäben der damaligen Zeit war es eigentlich eine konventionelle Konstruktion, aber mit einer Spannweite von 71,10 m ein außerordentlich großes Flugzeug. Dennoch besaß das Modell einige neuen Merkmale, darunter eine leicht gepfeilte Tragfläche und einen Rumpf mit zwei druckfesten Haupträumen, die durch einen 24,4 m langen Tunnel mit einem fahrbaren Wagen miteinander verbunden waren. Der Antrieb erfolgte durch sechs Druckluftschrauben, welche von in den dicken Tragflächen eingebetteten Sternmotoren angetrieben wurden.

Das Prototyp-Projekt kam anfangs nur langsam voran, da bereits einsatzreife Flugzeugtypen für den Weltkrieg benötigt wurden. Nachdem die USA aber 1943 erkannten, daß entscheidende strategische Schläge gegen Japan nur mit strategischen Langstreckenbombern geführt werden konnten, erhielt das Projekt höchste Priorität. Die XB-36 hatte ihren Erstflug im August 1946, zu spät für einen Einsatz im Zweiten Weltkrieg. Das Muster wurde dann in einer bestimmten Stückzahl für den Einsatz bei dem neu geschaffenen Strategischen Luftwaffenkommando gebaut. Die verschiedenen B-36 Versionen waren beeindruckende Flugzeuge hinsichtlich ihrer Aufnahmekapazität an Bombenlasten sowie ihrem Aktionsradius. Sie wurden die Hauptstütze der strategischen US-Bomberflotte, als die UDSSR begann, strahlgetriebene Jagdflugzeuge mit hohem Leistungsvermögen in Dienst zu stellen. Sie waren mit schweren Maschinenkanonen und kurze Zeit später sogar mit Luft-Luft-Raketen bewaffnet. Die Amerikaner strengten sich deshalb besonders an, um ihr B-36-Projekt weiterzuentwickeln. So wurden vier Turbostrahltriebwerke paarweise in Gondeln unter den Tragflächen angebaut, um größere Geschwindigkeiten und eine höhere Dienstgipfelhöhe zu erzielen.

Die letzte B-36J wurde im September ausgeliefert und die letzte einsatzbereite B-36 im August 1959 außer Dienst gestellt. Die B-36 ist daher das Flugzeugmuster, an dem andere Atom-Bomber gemessen werden müssen. Von Anfang an sahen die Amerikaner, daß dieses große Flugzeug grundsätzlich zwar der Planungsausschreibung entsprach, jedoch die ursprünglich aufgestellten Forderungen bereits überholt sein würden, wenn die XB-36 zum ersten Mal flog. Die Entwicklung von Atomwaffen und Strahltriebwerken hatte das Einsatzkonzept des Strategischen Kommandos völlig verändert. So

Unten: Die Konzeption der Northrop XB-35 war fortschrittlicher als die der B-36. Als Nurflügler hatte sie einen geringeren Luftwiderstand. Angetrieben wurden ihre gegenläufigen Druckschrauben-Propellereinheiten von vier Kolbentriebwerken, die in den Tragflächen saßen.

wurde die B-36 nicht deshalb zur Hauptstütze des Strategischen Luftkommandos, weil sie besondere Konstruktionsvorzüge besaß, sondern weil kein geeigneteres Flugzeug zur Verfügung stand.

Als Hauptkonkurrent der B-36 trat ein Nurflügler der Northrop Aircraft Inc. auf. Firmenchef Jack Northrop glaubte fest an die Überlegenheit des Nurflüglers über die herkömmlichen Flugzeugmuster, da deren Rumpf- und Leitwerkflächen das Gewicht stark erhöhten und so zusätzlichen Luftwiderstand erzeugten, der unvermeidlich zu einer Verringerung der Flugleistungen führen mußte. Northrop hatte in den späten 20er und in den 30er Jahren eine Anzahl Nurflügler für Versuchszwecke gebaut. 1941 entwickelte er das erwähnte Nurflüglermodell. Der Entwurf wurde als Prototyp mit der Bezeichnung XB-35 in Auftrag gegeben. Dieser konnte eine maximale Bombenlast von 25.402 kg (56.000 lbs) aufnehmen, oder eine Bombenzuladung von 9.072 kg (20.000 lbs) bei einem Aktionsradius von nur 4023 km befördern. Die XB-35 erreichte mit ganzen vier Triebwerken, die an den Tragflächenhinterkanten angebrachte gegenläufige Luftschrauben antrieben, gerade in niedrigeren Höhen eine größere Geschwindigkeit als die XB-36; dazu eine günstigere Dienstgipfelhöhe. Zudem war sie weitaus wendiger als die XB-36.

Die XB-35 absolvierte ihren Jungfernflug im Juni 1946. Da aber erheblicher Widerstand gegen die Nurflügel-Bauweise auftrat, wurde der Fertigungsauftrag später wieder aufgehoben. Bei dem Prototyp hatte es Schwierigkeiten gegeben. Diese bezogen sich aber mehr auf Bauteile wie der Luftschraubensteuerung, als auf die eigentliche Konstruktion und die Flugeigenschaften schlechthin. Nachdem der Entschluß zur Serienfertigung der B-36 gefallen war, entschied man, das XB-35-Modell zu Versuchen mit Düsentriebwerken für strategische Bomber zu benutzen.

Die YB-35 Vorserienprototypen Nummer zwei und drei wurden deshalb zu YB-35B Versionen umgerüstet. Ihre vier 3250 PS starken Pratt & Whitney R-4360- Kolbentriebwerke wurden durch acht Allison J35-A5-Turbostrahltriebwerke mit je 1814 kg Schubkraft ersetzt. Je vier Düsentriebwerke wurden an jeder Tragflächenhinterkante montiert. Die Luft wurde durch dieselben Einlässe an den Flügelvorderkanten angesaugt, die bisher schon für den Vergaser und die Kühlung der vier

Kolbentriebwerke benutzt worden waren.

Während der Umrüstung wurde die YB-35 in YB-49 umgenannt. Sie brachte ihren Erstflug im Oktober 1947 hinter sich. Sie steigerte die Geschwindigkeit von 632 auf 837 km/h, aber der Kraftstoffverbrauch der Düsentriebwerke war so groß, daß sich die Reichweite halbierte. Zusätzlich gab es einige Probleme mit der Steuerung. Man entschied deshalb, die YB-49 zu einem strategischen Aufklärer umzurüsten. Das Entwicklungsprojekt scheiterte letztlich an einer Kombination von technischen und politischen Umständen und wurde im April 1949 ganz aufgegeben. Vielleicht war dies eine richtige Entscheidung auf der Grundlage falscher Voraussetzungen, denn im Juni 1949 und März

Trotz ihrer gepfeilten Tragflächen und den darunter paarweise in Gondeln untergebrachten Strahltriebwerken war die Convair YB-60 eindeutig ein Abkömmling der veralteten B-36. Sie war der Boeing XB-52 unterlegen; sowohl was ihre Flugleistungen, als auch ihre Entwicklungsmöglichkeiten anging.

1950 stürzten die erste und zweite YB-49 nach Explosionen in der Luft ab.

Die Entwicklungsgeschichte der YB-49 schien zu beweisen, daß Düsentriebwerke zwar die Leistung steigerten, aber sich wegen ihres zu hohen Treibstoffverbrauchs und ihrem scheinbaren Einfluß auf die Steuerungseigenschaften nicht zum Einbau in schwere strategische Bomber eigneten. Trotzdem blieb die US-Luftwaffe der Überzeugung, daß die Leistungsstärke der Strahltriebwerke letztlich mit der Zuladungsmenge und Reichweite der Kolbentriebwerke in Einklang zu bringen sei. Außerdem würden sie zum Bau einer neuen Generation von schweren strategischen Bombern führen. Die US-Heeresluftwaffe hatte als Vorgängerin der US-Luftwaffe im April 1945 die militärische Forderung für ein strahlgetriebenes Nachfolgemuster der B-35/B-36 veröffentlicht, und die US-Luftwaffe trieb dieses Projekt mit Nachdruck voran.

In den USA ahnte man bereits während des Zweiten Weltkrieges die Lösung für das Zuladung/Reichweiten-Problem, aber erst die bei Kriegsende erbeuteten deutschen Forschungsunterlagen lieferten die Grundlagen. Hohe Geschwindigkeiten und große Reichweiten konnten Strahltriebwerke in Verbindung mit gepfeilten Tragflächen erreichen. Daher beinhalteten die beiden wichtigsten Ergänzungen zu der im April 1945 aufgestellten militärischen Wunschliste die Forderung nach gepfeilten Tragflächen und den Antrieb durch acht Strahltriebwerke, die zu vier Zwillingspaaren in freitragenden Triebwerksgondeln unter und vor den Tragflächen angebracht werden sollten. Die Montage in Gondeln brachte beträchtliche bauliche Vorteile – wie etwa eine gleichmäßige Verteilung der Lasten entlang der Tragflächen, eine verminderte Gefahr der Flächenverwindung und einen einfachen Zugang zu den Triebwerken. Zusätzlich erleichterte diese Art der Installation die Anpassung der Aufhängung an unterschiedliche und leistungsstärkere Triebwerke, sobald diese erhältlich sein würden.

Die Convair YB-36G hatte das Nachsehen. Sie war im wesentlichen eine umgestaltete B-36 mit 35° nach hinten gepfeilten Tragflächen und wurde von acht Pratt & Whitney J57 P3-Turbostrahltriebwerken angetrieben. Bevor im März 1951 zwei Prototypen in Auftrag gegeben wurden, erhielt das Projekt den Namen YB-60. Das erste Muster flog im April 1952. 75 Prozent der Baumerkmale ähnelten denen der B-36. Außer den neuen Tragflächen besaß der Prototyp noch eine neu gestaltete Fahrwerksanlage und eine weitaus größere Tankkapazität. Die Höchstgeschwindigkeit betrug 885 km/h in einer Flughöhe von 16.765 m (55.000 ft). Das Konkurrenzmodell von Boeing war aber in allen Einsatzbelangen überlegen. Es bot zusätzlich die besseren Möglichkeiten zur technischen Weiterentwicklung, da es sich um eine völlig neu entwickelte Konstruktion handelte.

Die XB-52 wurde von der Firma Boeing entwickelt. Sie zeigt beispielhaft die schnelle Aufeinanderfolge neuer Ideen hinsichtlich von Flügen mit hohen Geschwindigkeiten über weite Strecken und hoher Zuladung in der zweiten Hälfte der 50er Jahre. Im Juli 1948 bekam Boeing den Auftrag zum Bau von zwei Flugzeugen des ursprünglichen Konstruktionsentwurfes; einer großen Maschine mit 20° gepfeilten Tragflächen und Strahltriebwerken. Damit schien ein optimales Verhältnis zwischen hoher Geschwindigkeit und großer Reichweite erreicht. Bis zum Ende des Jahres hatte Boeing jedoch die erbeuteten deutschen Forschungsunterlagen auswerten können und änderte die Konstruktion ab. Als Model 464 erhielt es 35° gepfeilte Tragflächen und acht Turbostrahltriebwerke als Antrieb. Bei dieser Größe wurde die XB-52 zum »großen Bruder« der bereits vorhandenen B-47 Stratojet; einem mittleren strategischen Bomber von außergewöhnlicher aerodynamischer Eleganz und hervorragenden Flugeigenschaften. Von der B-47 wurde noch ein weiteres Konstruktionsmerkmal übernommen – ihr ungewöhnliches Fahrwerk. Es besteht aus einer Anordnung von Haupträdern unter dem Rumpf (zwei Garnituren von nebeneinanderliegenden Einheiten als Tandem) und zusätzlichen Stützrädern unter den Tragflächen.

Die B-52 erwies sich als ein ausgezeichneter schwerer strategischer Bomber und wurde in verschiedenen Versionen bis hin zur B-52H gebaut. Dabei wurden Schubkraft und elektronische Ausrüstung ständig verbessert, um schwere Waffenladungen durch eine laufend wirksamer werdende feindliche Luftabwehr transportieren zu können. Die B-52 blieb bis in die späten 80er Jahre das Arbeitspferd des Strategischen Bomberkommandos, bis sie die Rockwell B-1B ablöste. Selbst heute leisten die B-52G und B-52H als Trägerflugzeuge für die aus der Luft abgefeuerten Marschflugkörper (Cruise Missiles) noch wertvolle Dienste.

Obwohl die USAAF ein langfristiger Verfechter des schweren Langstreckenbombers für den strategischen Einsatz war, trat sie auch als starker Befürworter des mittleren Bombers zum Einsatz auf taktischer und operationeller Ebene auf. Die Martin B-26 Marauder und die North American B-25 Mitchell erfüllten während des gesamten Zweiten Weltkrieges diese Aufgaben hervorragend. 1944 gelangte die USAAF aber zu der festen Überzeugung, daß strahlgetriebene Nachfolgemuster entwickelt werden mußten. Der 1944 herausgegebene militärische Planungsauftrag forderte eine Fluggeschwindigkeit von mindestens 805 km/h, eine Dienstgipfelhöhe von 12.190 m und einen Einsatzradius von 1609 km. Bis Dezember 44 lagen Konstruktionsvorschläge der Firmen Boeing, Convair, Martin und North American vor.

Oben und unten: Die Hauptmerkmale der Consolidated XB-46 waren ihre klare aerodynamische Linienführung sowie die Turbostrahltriebwerke. Die Zelle war eine konventionelle Konstruktion. Auffallend sind die sehr schmale Rumpfführung und eine Pilotenkanzel, wie sie sonst nur bei Jagdflugzeugen üblich ist.

Der Boeing Vorschlag wurde schließlich zu einem Modell mit gepfeilten Tragflächen und darunterhängenden Triebwerksgondeln umgearbeitet. In dieser Form reifte das Flugzeug zu dem bemerkenswerten mittleren strategischen Bomber B-47 Stratojet heran. Er versah gemeinsam mit der B-36 seinen Dienst, bis beide Typen von der B-52 abgelöst wurden.

Da die B-47 wegen ihrer Leistungsfähigkeit von der taktischen/operativen in die strategische Einsatzrolle wechselte, blieb die USAAF weiter an einem Muster für geringere Reichweiten interessiert. So nahmen die anderen drei Modelle aus dem Jahre 1944 feste Formen an. Aus dem Entwurf von Convair enstand die XB-46, die im April 1947 erstmals flog.

Die Maschine stellte aerodynamisch eine recht edle Konstruktion dar. Der Antrieb erfolgte durch vier von der Firma Allison hergestellte General Electric J35 A3-Turbostrahltriebwerke mit je 1814 kg Schub, die paarweise in den Tragflächen eingebaut waren. Das von der Firma Martin angebotene Modell war die XB-48, die erstmals im Juni 1947 flog. Es war ein Flugzeug mit geraden Tragflächen, daß von sechs von Allison gebauten J35 A5-Turbostrahltriebwerken angetrieben wurde, die in Dreiergruppen in den beiden Flächen saßen. Sowohl die XB-46 als auch die XB-48 erreichten aber nicht die geforderten Flugleistungen. Das dritte Modell war die XB-45 von North American. Es war von Anfang an nur als Zwischenlösung vorgesehen, da es den beiden anderen Mustern aerodynamisch unterlegen war. Die XB-45 erwies sich aber als einsatzfähig und wurde als B-45 Tornado in begrenzter Stückzahl bestellt.

Oben: Die Douglas XB-43 war ein ehrgeiziger Entwurf. Sie war als taktischer Jäger mit ausgezeichneten Flugleistungen geplant worden, ohne unnötige technische Risiken einzugehen. Bemerkenswert sind der kompakte Rumpf, der das einfahrbare dreirädrige Fahrwerk beherbergte, und die beidseitig auf gleicher Höhe angebrachten Luftansaugschächte für die Turbostrahltriebwerke.

Für unterstützende Operationen auf dem Gefechtsfeld setzte die USAAF im Zweiten Weltkrieg mit Erfolg Jagdbomber ein. Die bekanntesten »Jabo«-Vertreter waren zwei Flugzeuge der Firma Douglas – die A–20 Havoc und das Nachfolgemuster A–26 Invader. Für die Zeit nach dem Krieg benötigte die USAAF ein Nachfolgemodell mit höheren Fluggeschwindigkeiten. Die Planungsausschreibung führte zur Entwicklung von zwei interessanten Typen, der Douglas XB-43 und der Martin XB-51. Die XB-43 war eine Weiterentwicklung der während des Zweiten Weltkriegs konstruierten XB-42 Mixmaster. Diese arbeitete mit zwei 1800 PS starken Reihenmotoren vom Typ Allison V 1710–25, die hintereinander im Rumpf eingebaut waren und zwei gegenläufige Luftschrauben hinter dem kreuzförmigen Leitwerk antrieben. Das zweite Flugzeug dieser Baureihe wurde als XB-42A zusätzlich mit zwei unter den Tragflächen aufgehängten Strahlturbinen ausgerüstet, um die Flugleistungen zu verbessern. In der XB-43, die zum ersten Mal im Mai 1946 flog, wurde dieses Konzept noch einen Schritt weitergeführt. Sie wurde von zwei General Electric J35-GE-3 Turbojets angetrieben, deren Luftansaugschächte an beiden Rumpfseiten auf gleicher Höhe unter und hinter der Flugzeugführerkabine eingebaut waren. Die Testflüge erbrachten zwar gute Flugleistungsdaten, aber auch einige Probleme bei der Bedienung, so daß es dieser Typ nicht bis zur Serienreife schaffte.

Die XB-51 war insgesamt ein anspruchsvollerer Typ. Charakteristisch für sie waren ein in Tandemform angeordnetes Fahrwerk, dünne Tragflächen mit variablem Anstellwinkel und 35° gepfeilten Vorderkanten; sowie ein gepfeiltes T-förmiges Leitwerk und drei General Electric J47 GE 13-Düsentriebwerke, von denen eins im Leitwerk und die beiden anderen in eigenen Gondeln unter dem vorderen Flugzeugrumpf montiert waren.
Der erste von zwei gebauten Prototypen flog im Oktober 1949. Die durchgeführten Testflüge bescheinigten der XB-51 zwar sehr gute Flugleistungen, enthüllten aber auch die unzulänglichen Steuereigenschaften dieses Musters beim Flug. Wie die XB-43 wurde daher auch die XB-51 nicht über den Prototypstatus hinaus weiterentwickelt. Die USAF entschied sich stattdessen, die englische Electric Canberra als B-57 von der Firma Martin in Lizenz bauen zu lassen.

In den 50er Jahren glaubten die Amerikaner, daß die technische Antwort auf die Leistungsfähigkeit der sowjetischen Luftabwehrkräfte in dem Bau von schnelleren und höher fliegenden Bombern liege. Sie konnten das feindliche Abwehrfeuer sozusagen überfliegen; außerdem machten sie es den feindlichen Leitstellen schwer, Jäger in eine erfolgversprechende Abfangposition zu leiten – so die Schlußfolgerungen der USAF. Absolut überzeugt von der Richtigkeit dieser technischen Lösung, erteilte die USAF den Entwicklungsauftrag für einen Überschallbomber. Die Rolle der B-47 wurde schließlich von der Convair B-58 Hustler übernommen, einem außergewöhnlichen Deltaflügler ohne Höhenleitwerk, angetrieben von vier Düsentriebwerken mit Nachbrennern, die in Gondeln unter den Tragflächen untergebracht waren. Um die Querschnittsfläche des Rumpfes auf ein Minimum zu verringern und das Leistungsprofil bei gegebener Schubkraft zu erhöhen, wurde für den Einsatz eine große stromlinienförmige Gondel unter den Rumpf montiert, in der Treibstoff für den Zielanflug zusammen mit der nuklearen Bombenlast untergebracht wurden. Über dem Ziel wurde die Gondel dann abgesprengt.

Auch für die B-52 wurde tatsächlich ein Mach 3-Nachfolgemuster gefordert. Es wurde von North American in Form der

Unten: Die Douglas XB-42 war der Vorgänger der XB-43. Ihre – für eine Propellermaschine – guten Flugleistungen verdankte sie einer sauberen Bauweise und dem Druckschrauben-Propeller. Die Abbildung zeigt die XB-42A, eine Weiterentwicklung mit zwei zusätzlichen kleinen Turbojets unter den Tragflächen. Sie sollten die Flugleistungen weiter verbessern.

Links: Die Martin XB-51 war eine besonders anspruchsvolle Konstruktion. Ihre Tragflächen und das T-Leitwerk waren gepfeilt. Zwei Triebwerke befanden sich unter dem vorderen Rumpf. Das dritte war im Leitwerk untergebracht, und saugte die benötigte Luft durch einen Einlaßschacht an, der am Ende der nach vorne verlängerten Leitwerkflosse saß.

XB-70 Valkyrie entwickelt und flog als Prototyp erstmals im September 1964.

Beim Bau der Flugzeugzelle nutzte man ausgiebig einen neuartigen »exotischen« Werkstoff, um die mit der Reibungshitze verbundenen Probleme zu überwinden. Die Tragflächen hatten an der Vorderkante eine Pfeilung von 65°34′ und wurden mit Platten überzogen, die aus hartgelötetem rostfreien Stahl und einer Wabenschicht in »Sandwich«-Bauweise zusammengeschweißt waren und eine äußerst feste und hitzebeständige Einheit bildeten. Ähnliche Bauweisen wurden bei dem riesigen rechtwinkligen Luftansaugschacht der Triebwerke unter dem Rumpf, für die Oberfläche des doppelten Seitenleitwerks und Teile des Rumpfes selbst angewandt. Seine ausgezeichnete Aerodynamik verdankte dieses schnittige Kampfflugzeug einem großen Deltaflügel, aus dessen Mitte ein schmaler Rumpf mit vorderen Entenflügeln herauswuchs. Sechs röhrenförmig angeordnete General Electric YJ93 GE3-Turbojets mit Nachverbrennung und einer Schubkraft von je 14.062 kg bildeten das Antriebsaggregat, das fast die gesamte Spannweite des Deltaflügels ausfüllte. Seine äußeren Teilstücke waren mit Gelenken versehen und ließen sich im Flug hydraulisch nach unten ausfahren, um die Stabilität und Manövrierfähigkeit zu verbessern. Eine Anstellfläche von 25° wurde im Überschallflug in niedrigeren Flughöhen benutzt. Sie vergrößerte sich bei Mach 3 in großen Höhen auf 65°. Die Steuerung bestand aus einer Kombination von Klappen an den

Unten: Im Vergleich zur B-36 im Hintergrund zeigte der Boeing XB-52 Prototyp des strategischen Bomberkommandos eine fortschrittlichere Aerodynamik, die diesen Typ zu einem großen Kampfflugzeug werden ließ. Die stark eingerahmte Pilotenkanzel wurde bei den Serienmaschinen durch ein herkömmlich verglastes Cockpit ersetzt.

vorderen Entenflügeln, nicht weniger als zwölf kombinierten Höhen- und Querrudern, die über fast die gesamte Hinterkante der Tragflächen außenbords der verstellbaren Triebwerkschubdüsen verteilt waren und großen Seitenrudern an jeder der beiden Seitenleitwerke. Die Steuerungskontrolle einer so aufwendigen aerodynamischen Plattform auch bei hohen Überschallgeschwindigkeiten wurde mit Hilfe eines dreiachsigen elektronischen Stabilisierungssystems erreicht.

Aufgrund der technische Fortschritte in der Luftverteidigung war die XB-70 jedoch bereits überholt, bevor der erste Prototyp in die Luft ging. Der Abschuß eines in großer Höhe fliegenden Spionageflugzeuges vom Typ Lockheed U-2 durch eine sowjetische Boden-Luft-Rakete führte zu der Erkenntnis, daß der verbundene Einsatz von Radargeräten, Computern und ferngelenkten Flugkörpern das Eindringen in den feindlichen Luftraum in großen Höhen selbst bei sehr hohen Geschwindigkeiten nahezu unmöglich machte. Die beiden XB-70 wurden zwar fertiggestellt, aber dann als Forschungsmuster für das geplante Überschallpassagierflugzeug der USA eingesetzt.

In ihrer Zeit war die XB-70 eine erstaunliche technische Leistung. Sie bestätigte die Stellung von North American (bald danach ein Teil der Firma Rockwell) als führendem Konstrukteur von Hochgeschwindigkeitsflugzeugen in der westlichen Welt. Mit dem Hyperschall-Versuchsflugzeug X–15 kam etwa zur gleichen Zeit eine weitere Maschine aus diesem Stall. Die X–15 war ein Raketenflugzeug, das von einer B-52 aus in der Luft startete und innerhalb eines Forschungsprogramms wichtige Erkenntnisse über Flüge mit sehr hohen Geschwindigkeiten in extremen Höhen lieferte. Die Flugzeugzelle bestand zum Großteil aus Titan und rostfreiem Stahl. Als eine Art Schutzschild diente ein Überzug aus einer Inconel X-Nickelstahllegierung, die Temperaturen zwischen +648° und -183° aushält. Es soll jedoch erwähnt werden, daß weitaus höhere Temperaturen von der X–15A–2 gemessen wurden, nachdem diese mit dem Emerson Electric T–500 Material zur Ablationskühlung beschichtet worden war. Damit konnten verhältnismäßig steile Winkel (und damit verbunden höhere Reibungswiderstände) nach dem Erreichen des höchsten Punktes der Flugbahn zum Wiedereintritt in die Grenzfläche zwischen Weltraum und Troposphäre erzielt

Oben: Mit der General Dynamics FB-111A – hier beim Erstflug – erhielt die strategische Bomberflotte der US Luftwaffe ein überschallschnelles Kampfflugzeug, das Ziele in mittleren Entfernungen wirkungsvoll bekämpfen konnte.

Links: Die Bildserie zeigt die Schwenkflügel des General Dynamics F-111 Kampfflugzeugs in der geringsten, einer mittleren und der größten Pfeilstellung.

werden. Die Fähigkeit, am Rande des Weltraums zu operieren, erforderte ein zusätzliches Steuerungssystem zur Kontrolle des Flugzeuges im praktisch luftleeren Raum. Dazu wurde ein Raketensystem eingesetzt, das aus vier Düsen an den Tragflächenenden und acht weiteren Düsen an der Flugzeugnase bestand und die dreidimensionale Manövrierfähigkeit sicherstellte.

Spätere Versionen der X–15 erreichten eine Höchstgeschwindigkeit von Mach 6,72 (7.297 km/h) und übertrafen mit einer Gipfelhöhe von 107.960 m (107 km) die bei der Planung geforderten 80.500 m bei weitem. Aufgrund der Erfahrungen, die mit den XB-70 und X–15 Programmen gewonnen wurden, ist es nicht verwunderlich, daß die Firma Rockwell zum Hauptlieferanten für den Raumgleiter des Space Shuttle Projekts der USA gewählt wurde.

Auf den Bau von Kampfflugzeugen bezogen, war das Wissen über Flüge im Hyperschallbereich und in großen Höhen bedeutungslos; ja sogar gefährlich, wenn man die wachsenden Möglichkeiten der sowjetischen Luftabwehr bedachte. Die USA waren aber fest entschlossen, eine Bomberflotte als drittes Standbein ihrer Nuklearstrategie zu behalten. Daneben bauten sie auf Interkontinentalraketen und U-Boote mit ballistischen Raketen.

Wie bereits erwähnt, bestand die kurzfristige Lösung darin, die B-52 so zu ändern, daß sie mit hoher Unterschallgeschwindigkeit im Tiefflug in den sowjetischen Luftraum eindringen konnte. Gleichzeitig wurde ein umfangreiches Entwicklungsprogramm für einen Überschall-Bomber gestartet. Daraus entstand die Rockwell B-1. Sie war das Ergebnis eines im November 1969 erstellten Planungsauftrags für einen Bomber, der in mittleren Höhen mit Geschwindigkeiten von Mach 2,2+ operieren und Atombomben sowie Luft-Boden-Mittelstreckenraketen bei hohen Fluggeschwindigkeiten zum Einsatz bringen sollte. Mehrere Gesellschaften hatten hierzu Entwürfe eingereicht, aber das Projekt von Rockwell wurde 1970 unter der Bezeichnung B-1A ausgewählt. Schon bald war das vollständige Konstruktions- und Entwicklungsprogramm für den ersten Prototyp in vollem Gang. Das erste Modell war ein sehr fortschrittlicher kompakter Schwenkflügel-Bomber, angetrieben von General Electric F101-Mantelstromtriebwerken mit voll verstellbarer Triebwerks-Ansaug-

Tiefflugrolle im Unterschallbereich ausgerüstet. Das führte zu einer Verminderung der maximalen Geschwindigkeit auf Mach 1,25. Zelle und Fahrwerk waren verstärkt worden, um Einsätze mit einer höheren Zuladung von konventionellen und nuklearen Waffen über sehr große Entfernungen zu ermöglichen. Andere Änderungen zielten auf die Verringerung der bei diesem Muster ohnehin schon sehr geringen Radarabstrahlung ab. So wurden S-förmige Lufteinlässe mit stromlinienförmigen Abdeckplatten zur Abschirmung der Vorderseite der Triebwerkskompressoren eingesetzt, und »radarschluckende« Materialien für empfindliche Teile der Oberfläche benutzt, um die elektromagnetische Abstrahlung zu verringern. Zur Flugerprobung von wichtigen neuen Teilen der B-1B wurden ab März 1983 die Prototypen 1 und 2 der B-1A eingesetzt. Die erste B-1B mit verbesserten elektronischen Angriffs- und Abwehreinrichtungen flog im September 1984.

Die B-1B wurde von Anfang an als eine vorläufige, aber wertvolle einsatzfähige Stütze angesehen, um die Lücke zwischen der veralteten B-52 und einem neu zu entwickelnden strategischen Bomber zu schließen. Einer der Hauptvorzüge der B-1B gegenüber der B-52 besteht, wie schon erwähnt, in der geringeren Erfaßbarkeit ihrer elektromagnetischen und Hitzeabstrahlung. Man schätzt den Grad der Erfaßbarkeit der B-1B auf etwa ein Zehntel dessen der B-52. Diese Entwicklung in Richtung zunehmender *Tarnkappen*-Eigenschaften sollte bei dem Nachfolgemuster der B-1B so entscheidend verbessert werden, daß dieses nur noch ein Zehntel der Erfaßbarkeit der B-1B und ein hundertstel der elektromagnetischen und Hitzeabstrahlung der B-52 aufwies.

Das Ergebnis ist die Northrop B-2, die in den späten 70er und den 80er Jahren unter einem enormen Kostenaufwand entwickelt wurde. Im November 1988 wurde sie der Öffentlichkeit vorgestellt; der Erstflug erfolgte im Juli 1989. Im Unterschied zur tieffliegenden B-1B wurde dieser Typ so ausgelegt, daß er in mittleren und großen Höhen in den feindlichen Luftraum eindringen konnte. Dabei vertraute man darauf, daß die B-2 aufgrund ihres »Tarnkappen«–Designs und ihrer gemischten Bauweise so lange nicht von den gegnerischen Luftabwehrsystemen erfaßt werden kann, bis sie sich ihrem Ziel auf wenige Kilometer genähert hat. Die B-2 ist ein Nurflügler mit einer Pfeilung von 40° an

Oben: Die Farbzeichnung verschafft einen guten Eindruck über das wahrscheinliche Aussehen des vorgeschlagenen strategischen FB-111H-Bombers. Die verfeinerte Rumpf/Antriebsaggregat-Zusammenstellung sitzt in einer verbesserten Zelle.

Links: Die Rockwell B-1A war als überschallschnelles Nachfolgemuster der B-52 mit Schwenkflügeln und modernster Elektronik geplant worden. Sie erreichte das Prototyp-Testflugstadium mit erstaunlich wenigen Problemen. Das Projekt scheiterte aus politischen Gründen.

düsen-Kombination, um in allen Bereichen des Flugprofils maximale Leistungen erreichen zu können.

Der Prototyp flog erstmals im Dezember 1974, und das Testflugprogramm ging zügig voran. Im Juni 1977 entschied Präsident Carter jedoch, das Projekt zugunsten des »Cruise Missile« Programms zu streichen, wobei die Versuchsflüge mit dem B-1A Flugzeug für Forschungszwecke fortgeführt werden sollten. Beim Amtantritt von Präsident Reagan verbesserte sich die Lage wieder. Die neue Regierung beschloß im Oktober 1981, 100 Flugzeuge einer sehr modifizierten B-1B Version anzuschaffen, deren Einsatzrolle darin bestand, im Tiefflug in den feindlichen Luftraum einzudringen und Atombomben sowie Luft-Boden- Kurzstreckenraketen mit hohen Unterschallgeschwindigkeiten ins Ziel zu befördern. Die B-1B war eine einfache, stark überarbeitete Weiterentwicklung der B-1A. Mit ihren fixen Standard-Ansaugdüsen und geänderten Triebwerksgehäusen war sie optimal für die den Flügelvorderkanten und einem W-förmigen Leitwerk. Ihre einfachen Steuerflächen bestehen aus kombinierten Höhen- und Querrudern zur Kontrolle der Nick- und Rollbewegungen sowie besonderen Spoilern zur Gierkontrolle. Sie werden mittels elektronischer Impulse und Elektromotoren betrieben (Fly-by-Wire Technik), um mit optimalen Steuerausschlägen jederzeit eine kontrollierbare, stabile aerodynamische Plattform zu gewährleisten. Bei der Konstruktion der Zelle wurde überall dort auf eine glatte Oberfläche geachtet (besonders im Bereich der stromlinienförmigen Flugzeugkabine und den Ausbuchtungen der Triebwerksgehäuse), wo gegnerische Radarstrahlen auftreffen konnten. Das führt in Verbindung mit dem weitgehenden Einsatz einer radarabsobierenden Spezialbeschichtung dazu, daß nur ein minimaler Teil der auftreffenden Radarstrahlen an die feindliche Sender- und Empfangsstation reflektiert wird.

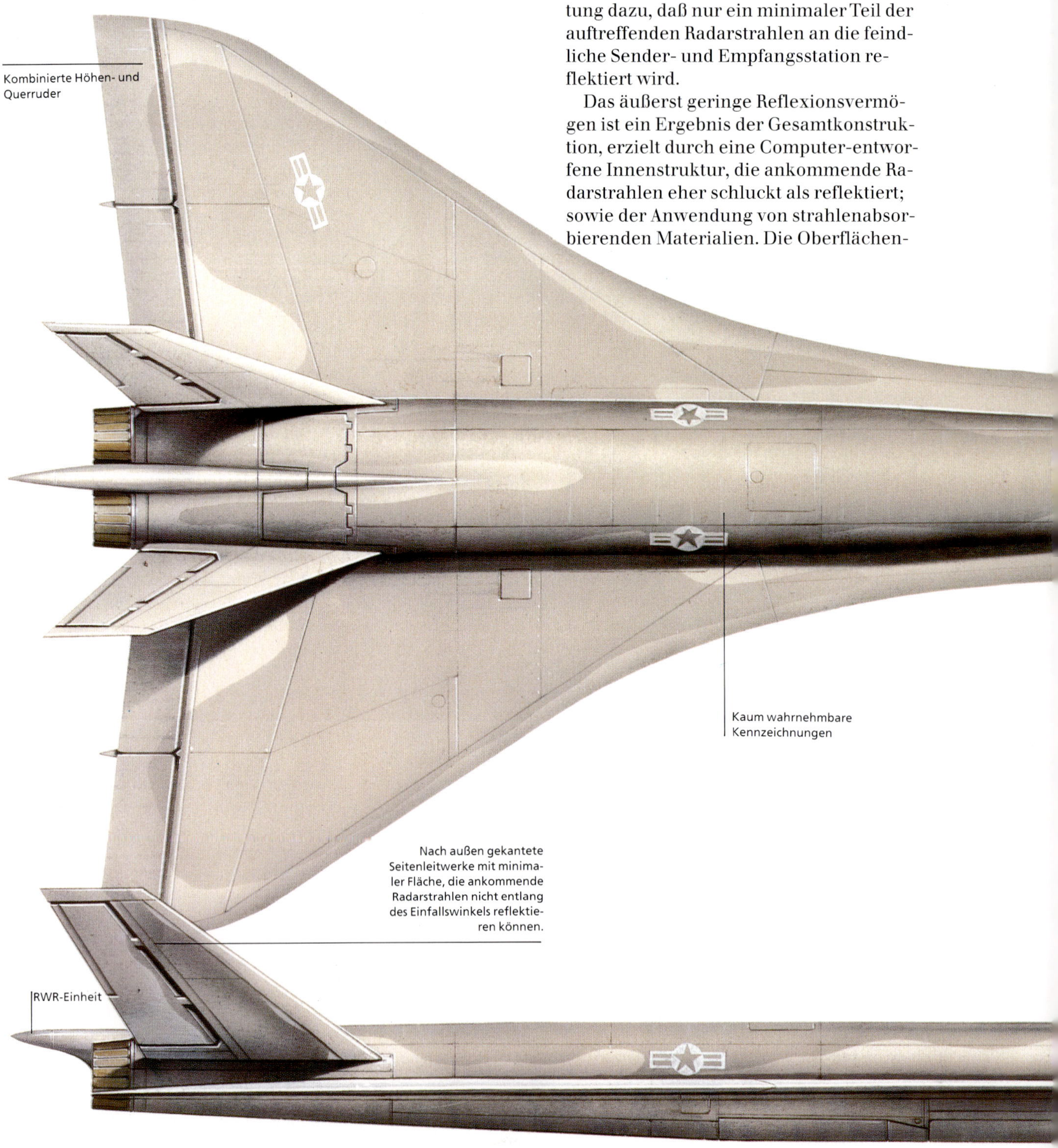

Das äußerst geringe Reflexionsvermögen ist ein Ergebnis der Gesamtkonstruktion, erzielt durch eine Computer-entworfene Innenstruktur, die ankommende Radarstrahlen eher schluckt als reflektiert; sowie der Anwendung von strahlenabsorbierenden Materialien. Die Oberflächengestaltung (eingeschlossen die Luftansaugschächte auf der Flügeloberfläche) wurde sorgfältig mit Hilfe von Computern erarbeitet und programmgesteuert gefertigt. Das Ergebnis ist eine Stirnfläche von 1 qm im Vergleich zu den 10 qm der B-1B und den 100 qm der B-52. Zusätzlich wurde das Design auch darauf abgestimmt, möglichst wenig Hitze abzustrahlen, die sonst von den Infrarot-Zielsucheinrichtungen moderner sowjetischer Jagdflugzeuge wie der Mikojan-Gurewitsch MiG-29 oder der Suchoj Su-27 schon auf große Entfernungen erfaßt werden konnte. Die verminderte Hitzeabstrahlung wird durch den Einsatz von Mantelstromtriebwerken ohne Nachverbrennung und mit eigens erdachten zweidimensionalen Triebwerksauslässen erreicht, welche die heißen Abgase vor dem Austritt mit kalter Außenluft mischen und sowohl die Hitzeals auch die Lärmabstrahlung bedeutend verringern.

All das ergab letztlich ein Flugzeug, das Radar- und Infrarot-Zielsuchgeräte praktisch nicht mehr erfassen können – außer auf sehr kurzen Entfernungen, wo sich die Maschine schon mit bloßem Auge erkennen läßt. Insgesamt sollten 132 B-2 Bomber gebaut werden. Sie dienen als Träger von 2000 der insgesamt 4845 strategischen Nuklearwaffen der US-Luftwaffe. Die angesichts des hohen Haushaltsdefizits der USA 1989 vom US-Verteidigungsministerium durchgeführte Überprüfung der finanziellen Verpflichtungen führte unter anderem zu dem vorläufigen Plan, die Indienststellung der B-2 um mindestens ein Jahr hinauszuschieben, um Ausgaben zu sparen, und mehr Zeit für die Entwicklung dieses ehrgeizigen und komplizierten Flugzeuges zu gewinnen.

Bemerkenswert ist, daß die USA sehr große Anstrengungen unternehmen, um ein Gegenmittel für die »Stealth«-Technologie zu entwickeln. Gleichzeitig wird so der Weg zu einer noch ausgefeilteren »Stealth« Technik gelegt. Zur Zeit werden mehrere neue Konzepte untersucht, darunter ein Satelliten-Überwachungssystem, das die von den »Stealth« Flugzeugen und von Raketen auf die Erdoberfläche geworfenen Schatten beobachten soll.

ATB

Tarnkappenbomber mit überragender Reisegeschwindigkeit.

Obwohl dieses abstrakte Bild kein tatsächlich vorhandenes Flugzeug darstellt, vermittelt es doch eine Vorstellung von einem moderenen Tarnkappenbomber, wie er als Alternative zur Northrop B-2 (siehe nächste Seite) hätte entwickelt werden können.
Der Entwurf ist für weitaus höhere Reisegeschwindigkeiten optimiert, als sie die B-2 erreichen kann. Die Grundkonstruktion weist aber dieselben Stromlinienformen auf, um die ankommenden Radarstralen in alle Richtungen zu reflektieren – außer zurück zur Sende-/Empfangsstation des Feindes. Radarabsorbierende Materialien werden ebenso genutzt wie halbverdeckte Luftansaugschächte für die Triebwerke.

NORTHROP B-2

Die technisch komplizierte B-2 wurde Ende der 70er und in den 80er Jahren unter höchster Geheimhaltung mit einem enormen Kostenaufwand entwickelt. Im November 1988 wurde sie erstmals der Öffentlichkeit vorgestellt und der Erstflug erfolgte im Juli 1989. Dieser außergewöhnliche strategische Nurflügler-Bomber war als Nachfolger der Rockwell B-1B vorgesehen. Diese Einsatzrolle erfordert ein tiefes Eindringen in den feindlichen Luftraum, ehe die vorwiegend nuklearen Waffen oder Luft-Boden-Lenkraketen ausgelöst werden.

Im Unterschied zur B-1B, die mit hohen Unterschallgeschwindigkeiten im Tiefflug eindringen sollte, ist die B-2 für den Annäherungsflug in mittleren und großen Höhen mit Unterschallgeschwindigkeiten gedacht. Der Bomber kann in diesen Höhen aufgrund seines »Stealth«-Designs und seiner gemischten Bauweise nicht von den gegnerischen Luftabwehrsystemen erfaßt werden, bis er sich seinem Ziel bis auf wenige Kilometer genähert hat. Die B-2 ist ein Nurflügler mit 40° gepfeilten Flügelvorderkanten und W-förmigen Flügelhinterkanten mit integrierten einfachen Steuerungsflächen (kombinierte Höhen- und Querruder zur Kontrolle der Nick- und Rollbewegungen sowie besondere Spoiler zur Gierkontrolle). Da diese Anordnung zu einem Übermaß an Stabilität führt, so daß sich das Flugzeug nur schwer lenken läßt, wird das »Fly-by-Wire«-Sysem, eine computergestütze elektronische Steuerung, zur Kontrolle der Maschine eingesetzt.

Bei der gesamten Konstruktion wurde großer Wert auf eine völlig glatte Oberfläche mit stromlinienförmigen Ausbuchtungen für die Flugzeugführerkabine und die Triebwerksgehäuse gelegt. Die Radarabstrahlung der B-2 ist sehr gering, da die Oberflächen und die innere Struktur mit Hilfe des Computers als eine Einheit entwickelt wurden. Sie leiten praktisch alle Radarstrahlen der feindlichen Sender/Empfangseinrichtung weg und absorbieren die noch verbleibende Energie. Dafür sorgen die Radar-absorbierenden Materialien, die sorgfältige Oberflächengestaltung und die geschützten Luftansaugschächten der Mantelstromtriebwerke (ohne Nachbrenner) auf den Flügeloberflächen. Das Ergebnis ist eine Stirnfläche von nur 1 qm im Vergleich zu den 10 qm der B-1B und den 100 qm der älteren B-52 Stratofortress. Zusätzlich werden die heißen Abgase der Triebwerke vor dem Ausstoß aus den 2D-Düsen der B-2 sorgfältig mit kalter Außenluft gemischt, um die Hitze- und Lärmabstahlung dieses Unterschallbombers weitgehend zu beseitigen. Um die Entdekkungsgefahren so gering wie möglich zu halten, erhielt die B-2 nur wenige Sensoren (etwa Radargeräte), die Strahlen aussenden. Sie erhielt ein Bordradar mit äußerst geringer Ausstrahlung, das der Pilot ohnehin nur in der Endphase des Zielanflugs einschaltet. Ansonsten orientiert sich die Northrop B-2 mit den modernsten »elektronisch-stillen« Trägheits-Navigationssystemen. Wahrscheinlich besitzt sie noch andere Sensoren, wie zum Beispiel passive Satelliten oder schwer entdeckbare Laservarianten. Zweifellos stellt die B-2 eine enorme technische Leistung dar – angefan-

gen von ihrer Struktur über die aerodynamische Formgebung bis zu den Systemen und Materialien. Nach den ersten Planungen sollten 132 Bomber gebaut werden. Sie werden die Trägerwaffe für 2000 der insgesamt 4845 strategischen Nuklearwaffen sein, die der US Luftwaffe zur Verfügung stehen (1990).

Die angesichts des hohen Haushaltsdefizits der USA vom US Verteidigungsministerium 1989 durchgeführte Überprüfung der bestehenden finanziellen Verpflichtungen führte unter anderem zu dem vorläufigen Plan, die Indienststellung der B-2 um mindestens ein Jahr hinauszuschieben. Zusätzlich würde das mehr Zeit für die Entwicklung dieses ehrgeizigen und komplizierten Flugzeugs bringen. Es gab wachsenden Widerstand unter den Technikern und Politikern gegen das Projekt. Einige Techniker zweifelten die absolute Tarnfähigkeit der B-2 an. Erfahrungen aus dem Golf-Krieg lagen dem Autor noch nicht vor.

BAUBESCHREIBUNG

Northrop B-2

Funktion: Strategischer Bomber und Träger für Luft-Boden-Raketen
Besatzung: 2 Mann; Einrichtung für einen dritten Mann vorhanden
Bewaffnung: Maximale Waffenlast von 36.515 kg in zwei nebeneinander liegenden Waffenschächten im unteren Rumpf. In jedem Schacht kann ein achtfacher Raketenwerfer untergebracht werden, damit besteht Platz für insgesamt 16 Boeing AGM-131 SRAM-11 Luft-Boden-Kurzstreckenraketen; bzw. B83 Wasserstoffbomben mit einer Sprengkraft von 1,1 Megatonnen TNT. Alternativ können 20 B61 Wasserstoffbomben, 680 Kilo-Bomben oder eine größere Anzahl kleinerer Bomben geladen werden.
Elektronische Ausstattung: Radio- und Navigationsgeräte, verstecktes Hughes-Aircraft-Radargerät mit einer winkeltreuen, synchron angeordneten Antenne in der Flügelvorderkante und eine integrierte Ausrüstung zur elektronischen Kampfführung
Triebwerk: Vier Mantelstromtriebwerke General Electric F118-GE-100 ohne Nachbrenner mit je 8616 kg Standschub
Leistung: Höchstgeschwindigkeit 764 km/h oder Mach 0,76 in großen Höhen; maximaler Einsatzradius 6.115 km bei einer Bewaffnung mit 8 SRAM und 8 B61-Bomben
Gewicht: Maximales Startgewicht 168.286 kg
Abmessungen: Spannweite 54,43 m; Länge 21,03 m; Höhe 5,18 m; Tragflächenoberfläche nicht bekannt

SOWJETISCHE BOMBER

Den im letzten Kapitel beschriebenen Aufwand der Amerikaner, strahlgetriebene Bomber zu entwickeln, betrieben die Sowjets mindestens in gleicher Größenordnung. In den 30er Jahren ebnete die Tupolew-Konstruktionsabteilung den Weg für die Entwicklung strategischer Langstreckenbomber. Während des Zweiten Weltkriegs verlor die UDSSR ihre Führungsrolle, da den taktischen Einsätzen zur Unterstützung auf dem Gefechtsfeld absoluter Vorrang eingeräumt wurde. Die Sowjets besaßen mit der Petljakow Pe-8 zwar einen schweren viermotorigen Bomber, er wurde aber nur in geringer Stückzahl gebaut.

Die Wirkung der schweren alliierten Bombenangriffe gegen Deutschland und Japan in der Endphase des Kriegs und besonders der Abwurf von Atombomben auf die Städte Hiroshima und Nagasaki veranlaßte die Sowjets, ihre Luftstrategie zu überdenken. Josef Stalin forderte die USA mindestens dreimal auf, über einen Leih-Pacht-Vertag strategische Bomber vom Typ Boeing B-29 Superfortress an die UDSSR zu liefern; aber die Amerikaner lehnten diesen Wunsch ab. Tupolev hatte bereits mit dem Bau einer genauen Nachbildung der B-29 begonnen, wobei er von der Spionage gelieferte Unterlagen benutzte. Die Schwetsow-Triebwerksabteilung war damit beschäftigt, Pläne des Wright R-3350 Triebwerks und seiner General Electric Turbolader herzustellen. In der zweiten Jahreshälfte 1944 waren drei B-29 in Sibirien notgelandet. Diese dienten als Modellflugzeuge für das Konstruktionsprogramm der Tu-4, die äußerlich praktisch ein Ebenbild der B-29 war, im Inneren jedoch wichtige Änderungen aufwies.

Die Tu-4 wurde 1948 in Dienst gestellt. Insgesamt bauten die Sowjets etwa 400 Maschinen. Dies galt nur als ein erster Schritt, da sie bereits neue verbesserte Bomber entwickelten. Mjassischtschew plante eine stark veränderte Version in Form der DBV–202, der Prototyp wurde aber nicht fertiggestellt. Tupolew ging mit kleineren Entwicklungsschritten vorsichtiger voran. Das erste Ergebnis dieses Programms war die Tu-80, eine Maschine mit in den Flächen integrierten Treibstofftanks und einer Anzahl aerodynamischer Verbesserungen, die sich mit den Schritten von der B-29 zur überlegenen B-50 vergleichen lassen. Die Tu-80 flog erstmals im November 1949, wurde aber nicht über den Prototypstatus hinaus weiterentwickelt, da die neu gestaltete Tu-85 kurz vor der Fertigstellung stand.

Die Tu-85 stellte eine größere Erweiterung des Tu-4 Grundkonzepts dar. Sie besaß stärkere Triebwerke sowie eine fast doppelt so große Tankkapazität. Sie sollte ein strategischer Langstreckenbomber mit dem Leistungsvermögen der B-36 werden. Die Arbeiten schritten sehr zügig voran, und der erste Prototyp flog im Januar 1950, gerade zwei Jahre nach Beginn des Projekts. Es wurden begrenzte Flugversuche durchgeführt, die weitere Entwicklung dann aber zugunsten eines strahlgetriebenen Bombers eingestellt. Diese Entscheidung kann nachträglich

Rechts: Die Mjassischtschew M-4 war ein technisch sehr eindrucksvoller Versuch der UDSSR, einen strategischen Langstreckenbomber zu bauen. Die M-4 zeigte gute Flugleistungen, erzielte aber nicht die geforderte Reichweite, da das einzig verfügbare Turbostrahltriebwerk Mikulin AM-3 zuviel Treibstoff verbrauchte.

Links: Die Petljakow Pe-8 wurde im Zweiten Weltkrieg in einer begrenzten Auflage als schwerer Bomber gebaut. Sie war ein konventionelles Flugzeug mit einigen Besonderheiten, wie einem MG-Stand hinten in den inneren Motorengehäusen. Die Prototypen erhielten sogar einen am Rumpf angebrachten Motor zum Betrieb eines massiven Kolbenladers, der alle vier Reihenmotoren ausreichend mit Luft versorgte.

angezweifelt werden, da mit der Einführung der ersten Düsenbomber nicht vor 1956 begonnen wurde, und die Tu-85 gute Leistungsdaten in Bezug auf Reichweite und Zuladung aufwies.

Die von der Tupolew- Konstruktionsabteilung während dieser Zeit entwickelten Projekte und Flugzeuge bieten einen guten Einblick in die sowjetischen Luftfahrtpläne bis zum Erscheinen der ersten beiden strahlgetriebenen Bomber, der Mjassischtschew M-4 und der Tupolew Tu-95. Nach der Streichung des Tu-85-Projekts erkannte Tupolew, daß die Tu-4 noch mehrere Jahre im Einsatz bleiben würde.

Unten: Mit dem Prototyp der Tupolew Tu-80 versuchten die Sowjets einen strategischen Bomber zu entwickeln, der auf der B-29 Superfortress aufbaute, dieser aber überlegen sein sollte. Die Sowjets hatten die B-29 bereits vorher als Tu-4 kopiert.

Er bot daher eine verbesserte Version unter der Bezeichnung Tu-4TVD an, die mit Klimow-VK-2 oder Kusnetsow-NK-4 Turbostrahltriebwerken ausgerüstet werden sollte. Dieses Konzept fand kein amtliches Wohlwollen.

Die Abteilung wandte sich dann der Entwicklung eines zweckbestimmten strahlgetriebenem Bombers zu, der auf der Zelle der Tu-2, einem zweimotorigen Bomber mit Kolbentriebwerken, beruhte. Das Ergebnis war die Tu-77, die von zwei Rolls-Royce-Turbojets mit je 2272 kg Standschub angetrieben wurde und im Juni 1947 erstmals flog. Die Tu-77 wurde ausschließlich als Zwischenlösung angesehen und in geringer Stückzahl hauptsächlich als Trainings- und Versuchsflugzeug für Bomberbesatzungen gebaut. Etwa gleichzeitig entwickelte die Abteilung die Tu-72, welche die Anforderungen der sowjetischen Luftstreitkräfte an einen leichten Bomber erfüllen sollte, was schließlich aber die kostengünstigere und beweglichere Iljuschin IL-28 genau tat. In dem Bestreben, die Leistungen entscheidend zu verbessern, wurde die Tu-72 zur Tu-73 modifiziert und ein zusätzliches, 1588 kg Schub lieferndes Rolls-Royce-Derwent Strahltriebwerk in einer S-förmigen Röhre im hinteren Rumpf eingebaut. Eine weitere Verfeinerung des ursprüngli-

Links: Der Tu-77-Prototyp enstand auf der Grundlage des erfolgreichen schnellen Bombers Tu-2; wurde aber von Beginn an mit zwei an den Tragflächen montierten Turbojets geplant. Der Typ flog erstmals 1947, wurde aber nicht weiter gebaut, da die Konstruktion in einer Zeit mit schnellen aerodynamischen Fortschritten bereits veraltet war.

chen Konzepts führte zur Tu-79, die von zwei Klimow-VK-1 Turbojets mit je 2700 kg Standschub angetrieben wurde und deutlich bessere Leistungen erbrachte. Es folgte der Bau von etwa 500 Flugzeugen, der überwiegende Teil der Einsatzmaschinen davon in der Tu-89 Version, die mit einem Paar (im Rumpf untergebrachten) Torpedos zur Schiffsbekämpfung eingesetzt wurde.

Alle diese Flugzeuge hatten gerade Tragflächen und waren nicht einmal für hohe Geschwindigkeiten im Unterschallbereich ausgelegt. Parallel zu diesen Anstrengungen nutzte Tupolew jedoch die aus den erbeuteten deutschen Forschungsunterlagen gewonnenen aerodynamischen Erkenntnisse und baute ein leistungsstärkeres Flugzeug mit um etwas über 34° gepfeilten Tragflächen. Das war die Tu-82, die zum erstenmal im Februar 1949 flog. Dieser Typ wurde ebenfalls von zwei VK-1-Turbojets angetrieben und erzielte eine Höchstgeschwindigkeit von 934 km/h in einer Flughöhe von 4000 m. Zum Vergleich erreichte die mit denselben Triebwerken ausgerüstete Tu-79 in 5000 m Höhe nur eine maximale Geschwindigkeit von 861 km/h. Über eine Serienproduktion der Tu-82 wurde wegen der Leistungsstärke der im Dienst befindlichen IL-28 nicht ernstlich nachgedacht. Der von der Konstruktionsabteilung durch den Bau dieser Modelle erworbene Wissensstand führte aber zu einer erstklassigen Konstruktion, der Tu-88, die Anfang 1952 zum erstenmal flog und als Tu-16 Serie ab 1953 in Dienst gestellt wurde. Noch heute wird sie häufig als Trägerwaffe für Luft-Boden-Lenkraketen und als Aufklärer eingesetzt.

Die Tu-16 war als Gegenstück zur Boeing B-47 *Stratojet* der US Luftwaffe gebaut worden. Damit die UDSSR auch über einen, im Vergleich zur Boeing B-52 *Stratofortress* gleichwertigen, schweren

Unten: Die Tupolew Tu-95 wurde als technisch weniger aufwendiges Flugzeug als Alternative oder Ersatzprogramm zur Mjassischtschew M-4 entwickelt. Typisch ist die außergewöhnliche Verbindung von gepfeilten Tragflächen mit Propellertriebwerken. Die starken Turboprops übernahmen die Sowjets direkt aus ihrem deutschen Beutegut des Zweiten Weltkriegs.

Links oben: Zur Zeit ihres Erstflugs stellte die Tu-16 einen außerordentlichen aerodynamischen und strukturellen Fortschritt dar. Der Prototyp Tu-88 war so erfolgreich, daß nur wenige grundlegende Änderungen bis zur Indienststellung des Flugzeugs notwendig waren. Seit damals sind viele verschiedene Versionen mit unterschiedlicher Bewaffnung und elektronischen Sensoren vorgestellt worden, aber bei allen wurde die Form der Zelle/Treibwerks-Verbindung kaum verändert.

Langstreckenbomber verfügen konnte, wurden die Mjassischtschjew M-4 und die Tupolew Tu-95 entwickelt. Beide besaßen vier Strahltriebwerke und überall gepfeilte Flächen. Die M-4 stellte sich als ein strahlgetriebener Typ mit einer außergewöhnlichen Aerodynamik vor. Ihre Triebwerke waren in den Flächenwurzeln eingebaut. Sie bewährte sich als vortrefflicher Seeaufklärer, auch wenn sie nicht die notwendige Reichweite für die vorgesehene interkontinentale Einsatzrolle erzielte. Die Tu-95 war insgesamt erfolgreicher und wird heute noch in der verbesserten Tu-142 Version als U-Boot-Jäger und Trägerflugzeug für Luft-Boden-Lenkwaffen gebaut. Dank ihren vier wuchtigen Turbopropmotoren mit gegenläufigen Luftschrauben und ihren gepfeilten Flächen stehen ihre Flugeigenschaften denen der B-52 kaum nach.

Nachdem sich diese beiden Flugzeugtypen, die als Ergänzung der leichten Bomber IL-28 und der mittleren Bomber Tu-16 vorgesehen waren, im Endstadium ihrer Entwicklung befanden, beschritten die Sowjets diesselbe Taktik wie die Amerikaner in Richtung Überschallbomber. Der erste in Dienst gestellte Überschallbomber war die Tu-22 (etwa 1961), ein weiteres Modell der Tupolew-Konstruktionsabteilung. Sie war für die gleiche Einsatzrolle wie die Tu-16 gebaut worden. Ihre Fähigkeit zum Überschallflug sollte sie dazu befähigen, trotz der immer wirkungsvollerr werdenden Luftabwehr in den feindlichen Luftraum einzudringen. Noch interessanter war das Bemühen der Mjassischtschew-Konstruktionsabteilung, einen schweren strategischen Überschallbomber als Nachfolgemuster der M-4 zu entwickeln – was sich aber als ein Versuch erweisen sollte, der den damaligen Erfahrungsstand bei weitem übertraf.

Es handelte sich um die M-50, die aerodynamisch auf derselben Heckdelta-Form beruhte wie der von Mikojan/Gurjewitsch gebaute Überschalljäger MiG-21. Die Ge-

Links unten: Die Iljuschin IL-30 war als Nachfolgemuster des leichten Düsenbombers IL-28 vorgesehen. Sie erreichte als erster sowjetischer Bomber eine Geschwindigkeit von über 1000 km/h. Während frühere sowjetische Flugzeuge dieses Typs entweder mit englischen Strahltriebwerken oder nachgebauten Turbojets angetrieben wurden, erhielt die IL-30 zwei sowjetisache Ljulka-Turbojets. Die ungewöhnliche Fahrwerksanordnung bestand aus einem Tandem-Hauptfahrwerk unter dem Rumpf und seitlichen Stützrädern, die in die Triebwerksgondeln eingefahren wurden. Die Maschine ging nicht in Serienproduktion – wahrscheinlich aufgrund ihrer langen Start- und Landestrecke.

samtkonstruktion war mutig – aber nicht überzeugend. Sie beruhte auf einem sehr langen Rumpf mit zwei vierrädrigen Fahrwerken, die in Tandemform angeordnet waren und in den unteren Teil des Rumpfes eingezogen wurden – im Grunde dieselbe Bauweise wie bei der M-4. Dasselbe gilt für die beiden zweirädrigen Stabilisierungsfahrwerke unter den Flächen, die nach hinten in die Flügelspitzen einfuhren. Die Vorderkanten der gestutzten Deltaflügel dieses Schulterdeckers waren an der Flächenwurzel 50° gepfeilt. Nach außen verringerte sich die Pfeilung auf 41°30′. Das Leitwerk war für ein Überschallflugzeug recht konventionell. Die beweglichen Höhenflossenhälften und das Seitenruder an der Leitfläche wurden mit Hilfe von Motoren angetrieben. Die dreiköpfige Besatzung war auf ihren hintereinander montierten Schleudersitzen in einer Druckkabine an der Flugzeugnase untergebracht. Sie saßen hinter einer V-förmigen Windschutzscheibe, die sich hinter der Kanzel über eine Rückenflosse bis zum Rumpfende fortsetzten. Der erste Prototyp hatte vier Triebwerke an Trägern unter der Flächenvorderkante. Wahrscheinlich handelte es sich um Koliesow-ND-7 oder VD-7 Einheiten, von denen jede 13.000 kg Standschub erbrachte.

Die ersten Flüge sollen zwischen 1957 und 1961 stattgefunden haben. Man vermutet, daß eine Höchstgeschwindigkeit um die 1,8 Mach erzielt wurde – nach den damaligen Maßstäben eine gute Leistung. Dafür war aber die Reichweite mit 6000 km ohne Zuladung dürftig. Der letzte von mehreren Prototypen, allgemein als M-52 bezeichnet, besaß eine unterschiedliche Anordnung der Antriebsaggregate. Die beiden innen gelegenen Triebwerke blieben weiter an Trägern unter der Tragfläche aufgehängt. Ihre Nachbrenner erzeugten je 18.000 kg Schubkraft. Die beiden äußeren Triebwerke blieben Einheiten ohne Nachverbrennung, wurden aber an Trägern mit nach vorne gepfeilten Vorderkanten angebracht und ragten so in der horizontalen Ebene über die gestutzten Enden der Deltaflügel hinaus. Die M-50/M-52 Reihe wurde jedoch nicht über die Prototypen hinaus weiterentwickelt.

Bei den leichten Bombern wollte die UDSSR ein Nachfolgemuster für die IL-28 haben, das mindestens im schallnahen; vorzugsweise aber im Überschallbereich operieren konnte. Diese Anforderung erfüllte schließlich die Yakowlew Yak-28. Sie ist eine Weiterentwicklung des Jagdflugzeugs Yak-25 und kann Spitzengeschwindigkeiten um 1,1 Mach erreichen.

Die Yak-25 ist ein Leichtgewicht im Vergleich zur Iljuschin IL-54 und der Tupolew Tu-98, die beide nicht die Serienreife erreichten. Der Bau des letztgenannten Typs war durch die Entwicklung des hervorragenden Ljulka AL-7-Turbostrahltriebwerks möglich geworden, einer Axialturbine mit geringerem Durchmesser und höherer Schubkraft, die aber zuviel Sprit verbrauchte.

Die IL-28 war schon zur IL-30 weiterentwickelt worden. Ausgerüstet mit Ljulka-AL-5-Turbojets und 35° gepfeilten Tragflächen erreichte sie eine Geschwindigkeit von über 1000 km/h, wurde aber nicht zur Serienherstellung in Auftrag gegeben. Die Iljuschin-Konstruktionsabteilung entwickelte dann die IL-46, eine vergrößerte Version der IL-28 mit den Antriebsaggregaten der IL-30. Aber auch hierfür konnte sie keinen Produktionsauf-

Unten: Die Iljuschin IL-54 flog 1955 als Prototyp eines geplanten Überschallbombers. Wie die IL-30 erhielt sie Ljulka-Triebwerke, ein Hauptfahrwerk in Tandenform und gepfeilte Tragflächen.

Oben: Aus dem Tupolew Tu-102-Prototyp von 1957 wollten die Sowjets eine ganze Reihe von Überschallflugzeugen entwickeln; aber nur der Langstrecken-Abfangjäger Tu-28P erreichte die Serienreife. Er wurde als Langstreckenjäger mit weitreichenden Luft-Luft-Raketen in Dienst gestellt. Im Falle eines Krieges hätte er die über die Polargebiete anfliegenden amerikanischen Bomber bekämpfen können.

trag erhalten. Die Abteilung fuhr dann logisch mit der Entwicklung einer voll gepfeilten Version der IL-30 fort, die schallnahe Geschwindigkeiten versprach und Überschallflüge in einem leichten Sturzflugwinkel bieten sollte.

Die IL-54 entsprang einer Forderung aus dem Jahr 1953 und flog zum erstenmal Anfang 1955. Der Typ war bezeichnend für die damaligen sowjetischen Vorstellungen von einem taktischen Bomber: ein eiförmig geschnittener Rumpf mit einer vollkommen verglasten Nase für den Bombenschützen; einem bei Jagdflugzeugen üblichen Kabinendach über dem Flugzeugführer und einer vom hinteren Bordschützen bedienten Geschützbank; Hauptfahrwerke in Tandemanordnung und Stützräder unter den Flächen; die Tragflächen 55° gepfeilt und hoch am Rumpf angebracht; sowie zwei AL-7 Turbostrahltriebwerke mit je 6500 kg Schubkraft in Triebwerkgehäusen unter den Tragflächen. Testflüge bestätigten, daß die Leistungen der IL-54 im schallnahen Bereich lagen. Sie erreichte in Meereshöhe eine Höchstgeschwindigkeit von 1150 km/h, eine Serienproduktion wurde aber nicht genehmigt.

Im Westen glaubte man lange, daß die Tu-98 eine Yakowlew-Konstruktion sei, die Yak-42, oder sogar ein Iljuschin-Muster. Detaildarstellungen sind noch rar, aber man glaubt, daß dieser Typ gepfeilte Flächen hatte; wobei die Pfeilung nach innen 60° betrug und sich nach außen auf 50° verringerte. Der Antrieb soll durch zwei AL-7F-Turbostrahltriebwerke mit Nachverbrennung erfolgt sein, die seitlich am Flugzeugrumpf angebracht waren. Sie entwickelten mit eingeschalteten Nachbrennern einen Standschub von je 10.000 kg. Die Form dieser Maschine war eindeutig von der Tu-16 abgeleitet und mit Eigenschaften des Tu-28 Langstrekken-Abfangjägers versehen worden. Das Flugzeug konnte in großer Höhe eine Geschwindigkeit von 1170 km/h erreichen. Der erste Flug fand wahrscheinlich Anfang 1956 statt, aber es folgte keine Serienproduktion, da die Maschine kaum Vorzüge gegenüber der Tu-16 zeigte und zu dieser Zeit aus strategischen Gründen zunehmend Gewicht auf das ungeheuer kostspielige interkontinentale Flugkörperprogramm gelegt wurde.

Man nahm an, daß der beste Bereich für den Überschallbomber in den umfassenden maritimen Rollen als Seeaufklärer und Schiffsbekämpfer liegen würde. In der zweiten Rolle sollte er mit Überschallflugkörpern bewaffnet werden, die eine große Reichweite und auswechselbare Gefechtsköpfe besaßen (nukleare Köpfe für Flächenziele wie Flugzeugträgerverbände; konventionelle Köpfe mit Radar- oder Infrarot-Zielsucheinrichtung gegen Punktziele). Mit ihren beiden Turbojets, die an den Seiten zwischen dem hinteren Rumpfteil und dem Leitwerk in Gehäusen montiert sind und bei eingeschalteten Nachbrennern je 14.000 kg Schub liefern, konnte die Tu-22 eine Geschwindigkeit von 1,5 Mach erreichen. Wenn sie aber Waffen wie die AS-4 *Kitchen* Rakete befördert, fehlt es an der nötigen Reichweite.

Die Lösung bestand in einer verbesserten Konstruktion mit schwenkbaren äußeren Teilen der Tragfläche, wobei eine Pfeilung zwischen 20° und 55° gewählt werden konnte. Die Erstgenannte wird für Start und Landung benutzt und verringert die Startbahnlänge sehr; Zwischenstellungen werden für langsame und schnelle Dauergeschwindigkeiten bei Kurz- und Langstreckenflügen bevorzugt, und mit der stärksten Pfeilung lassen sich maximale Leistungen und Geschwindigkeiten bis 2,3 Mach erzielen. Die Bauweise mit schwenkbaren Teilen der äußeren Tragflächen wurde bei der Entwicklung mehrerer sowjetischer Kampfflugzeuge angewandt, um die benötigten Startlängen zu verringern und höhere Leistungen besonders in Bezug auf das Verhältnis von Reichweite zu Geschwindigkeit zu erzielen. Der modifizierte Typ unterschied sich noch in einigen anderen Punkten von der Tu-22. Besonders auffällig war die Anbringung der zwei Mantelstromtriebwerke in konventionellen Gehäusen entlang der Rumpfseiten. Die ersten Modelle dieses Typs wurden als Tu-22M bezeichnet, was darauf hinweist, daß es sich um eine Umgestaltung des Tu-22-Grundmusters handelte. Der Maschine fehlte aber immer noch die geforderte Reichweite. Die endgültige Tu-26 erhielt deswegen ein völlig neugestaltetes Fahrwerk mit geringerem Luftwiderstand.

Als typisches Kennzeichen der Tupolew- Fahrwerkbauweise ließ sich das Hauptfahrwerk nach hinten in eine Wanne hinter den Tragflächenhinterkanten einziehen. Ein neues System zog das Hauptfahrwerkgestell nach innen in den Rumpf. Dies war das auffälligste Merkmal der großen baulichen Umgestaltung, die von der Orginalzelle der Tu-22M nur die inneren Teile der Tragflächen sowie die Rumpf- und Leitwerkstrukturen beibehielt. Das Endergebnis ist ein insgesamt höchst gefährliches Kampfflugzeug.

Technisch betrachtet ist die Tu-26 noch ein *halber* Schwenkflügler, der die größten Nachteile der voll gepfeilten, starren Tragflächengeometrie ablegte, und einige Vorteile der voll variablen Tragflächengeometrie nutzte.

Das erste sowjetische Kampfflugzeug mit voll schwenkbaren Tragflächen war die Suchoj Su-24, ein Langstrecken-Abwehrjäger. Diese Maschine ist technisch und einsatzmäßig mit dem von der US-Luftwaffe eingesetzten taktischen Bomber

Nur wenig ist über die Entwicklung der Prototypen der bedeutendsten sowjetischen Jagdbomber bekannt. Serientypen wie der Suchoj Su-24 müssen aber beträchtliche Forschungs– und Entwicklungsarbeiten

vorausgegangen sein. Die Su-24, von der NATO »Fence« genannt, ist das taktische Gegenstück zur General Dynamics F-111. Sie besitzt wie das amerikanische Flugzeug Schwenkflügel.

General Dynamics F-111 und der strategischen Version F-111B vergleichbar. Sie ebnete wiederum den Weg für ein größeres Flugzeug mit voll variabler Geometrie, den strategischen Überschall-Langstrekkenbomber Tupolew Tu-160, dem sowjetischen Gegenstück zur Rockwell B-1B. Erstmals wurde sie 1981 in Form des Prototyps, der die Bezeichnung RAM-P' hatte, auf Bildern entdeckt, die von einem US-Aufklärungssatelliten stammten. Die Tu-160 ist größer als die B-1B, hat aber dieselbe Art von Schwenkflügeln – ohne starre Mittelteile außer den großen handschuhartigen Holmgurten, die es ermöglichen, die Drehpunkte der Tragflächen eng an den Rumpf zu legen. Berechnungen und erste operationelle Einsätze zeigten, daß sich mit mäßiger Pfeilung sensationelle Reichweiten mit hohen Reisegeschwindigkeiten bis zu 900 km/h erreichen ließen. Bei voller Pfeilung kam die Maschine auf über 2000 km/h.

BOMBER AUS ANDEREN LÄNDERN

GROSSBRITANNIEN

Großbritannien spielte in den 50er Jahren noch seine Großmacht-Rolle in der Welt. Es war außer den USA das einzige Land, das strategische Langstreckenbomber baute und einsetzte. Die drei Flugzeugtypen, die voll entwickelt und in Dienst gestellt wurden, waren die Vickers Valiant und zwei fortschrittlichere Muster, der Deltaflügler Avro Vulcan und die Handley Page Victor mit ihren sichelförmigen Tragflächen. Sie wurden anfangs von zwei Turbostrahltriebwerken angetrieben und für den Abwurf von Atomwaffen eingerichtet. Die nachfolgenden, stark verbesserten B.MK 2 Versionen hatten Mantelstromtriebwerke und eine Abschußvorrichtung für die nukleare Luft-Boden-Mittelstreckenrakete Avro Blue Steel.

Bevor diese kostspieligen Flugzeuge jedoch gebaut wurden, erprobte man einzelne Konstruktionsmerkmale mit kleinen Forschungsflugzeugen. Den für die Vulcan vorgesehenen Deltaflügel erprobte man an mehreren Avro Type 707, an denen auch andere Bauteile in Langsam- und Hochgeschwindigkeitsflügen getestet wurden. Die für die Victor geplanten sichelförmigen Tragflächen überprüfte man in ähnlicher Weise an einem anderen kleinen Flugzeug, der Handley Page H.P.88.

Obwohl die Valiant nur als vorläufiges Muster geplant war, hielten es die Briten für wichtig, ein zweites Flugzeug für den Fall zu entwickeln, daß sich die Valiant bei ihren ersten Flügen als Fehlkonstruktion herausstellen sollte. Das Ergebnis war die Short SA.4 Sperrin, die einer weniger anspruchsvollen Ausschreibung in Hinblick auf Geschwindigkeit und Flughöhe über dem Ziel entsprach. Nach den aerodynamischen und baulichen Verständnis der damaligen Zeit war sie ein herkömmliches Flugzeug mit geraden Tragflächen, die auf den vergleichsweise tiefen Rumpf aufgeschultert waren. Im unteren Teil des Rumpfs waren das große Navigations- und Angriffsradargerät und der innere Bombenschacht untergebracht. Ungewöhnlich war die Anbringung des Antriebaggregats,

Unten: Die Handley Page Victor war ein Zeitgenosse der Vulcan. Ihre sichelförmige Tragflächen und das T-Leitwerk wurden erfolgreich am aerodynamisch maßstabsgetreu verkleinerten Prototyp HP.88 erprobt.

dessen vier Rolls-Royce Avon-Turbojets paarweise unter und über den Tragflächen, ungefähr zwei fünftel auf der Strekke zwischen Rumpf und Flächenspitze, montiert waren.

Der erste Prototyp flog im August 1951, der zweite folgte kurz danach. Die Valiant erwies sich als das bessere Flugzeug. Obwohl nun keine weiteren Sperrins mehr gebaut wurden, konnten die zwei Prototypen in einem wichtigen Flugtestprogramm für mehrere Aufgaben benutzt werden.

FRANKREICH

Frankreich brauchte zur damaligen Zeit keine strategischen Atombomber, vielmehr strebten die Franzosen starke taktische Streitkräfte an, um sich eine Führungsrolle in europäischen Angelegenheiten zu sichern. Kurz nach dem Zweiten Weltkrieg begann Frankreich mit der Planung seines ersten strahlgetriebenen Bombers, der Aerocentre NC.270 mit zwei Rolls-Royce Nene-Turbojets. Dieser Bomber sollte sich mit der englischen Electric

Oben: Eines der interessantesten und wichtigsten britischen Projekte führte zu dem berühmten Deltaflügler Avro Vulcan, einem strategischen Bomber. Das Bild zeigt zwei Type-698-Prototypen zusammen mit vier maßstabsgerecht verkleinerten Flugzeugen Type 707, die zur Erprobung vieler Konstruktionsmerkmale der Type-698-Modelle -benutzt wurden.

Canberra, der Iljuschin IL-28 und der North American B-45 *Tornado* messen können. Die Zelle dieses leichten Bombers hatte eine elegant geschwungene Form mit leicht gepfeilten Tragflächen (inklusive T-Leitwerk). Der Antrieb sollte durch zwei Triebwerke erfolgen, die wulstartig an den Tragflächenwurzeln saßen. Der Entwurf sah eine Bombenzuladung von 5000 kg im Rumpfinneren und vier 15 mm-Kanonen zur Eigensicherung auf einer TV-gesteuerten Geschützbank im Flugzeugheck vor. Der Entwurf sollte durch zwei maßstabsgetreu verkleinerte Modelle bestätigt werden, der triebwerkslosen NC.271–01 und der von Raketen angetriebenen NC.271–02. Die NC.271–01 flog 1949, aber noch ehe die NC.271–02 flugbereit war, machte die Muttergesellschaft bankrott, und das gesamte Projekt wurde eingestellt.

Ein wenig mehr Erfolg war Frankreichs nächstem Bomber-Prototyp beschieden, der Sud-Ouest SO.4000, die ebenfalls für den Einsatz als leichter Bomber vorgesehen war. Der Antrieb erfolgte wieder durch zwei Nene-Turbojets, die diesmal Seite an Seite in dem stromlinienförmigen Rumpf untergebracht waren, und deren Abgase aus langen Strahlrohren am Rumpfende ausströmten. Die Flächen waren 35 °gepfeilt und in mittlerer Höhe am Rumpf befestigt. Vor der Produktion des Flugzeugs in Orginalgröße wurden zwei kleinere maßstabsgetreue Modelle gebaut, die SO.M-1 als Segelflugzeug und die SO.M-2 mit zwei Rolls-Royce Derwen-Turbojets. Die SO.M-1 flog erstmals im September 1949, wurde aber von dem motorisierten Modell geschlagen, das bereits im April 1949 startete. Die erste SO 4000 flog im März 1951. Es blieb bei diesem einen Flug, da das Programm eingestellt wurde. Der Prototyp hatte sich als zu instabil und zu leistungsschwach erwiesen. Als Bewaffnung für die Serienversion war eine im Rumpf verstaute, 2000 kg schwere Bombenzuladung und für die Verteidigung eine ferngesteuerte Geschützbank mit einer 20 mm-Kanone an jedem Tragflächenende vorgesehen gewesen. Nach der Streichung der SO.4000 wandte sich das Entwicklungsteam von Sud-Ouest der SO.4500 Vautour zu, die schließlich auch in Dienst gestellt wurde. Es gab insgesamt drei Versionen, die jeweils entweder für die Allwetterjagd, die Luftunterstützung des Heeres oder für den Bombenabwurf aus mittleren und großen Höhen zugeschnitten waren.

Oben: Die aerodynamische Form des geplanten Bombers Aerocentre NC270 wurde in verkleinerter, antriebsloser Form als NC227.01-Modell getestet, das aus der Huckepack-Stellung von einem Languedoc-Transportflugzeug startete.

Oben rechts: Die Avro Type-707C war eine zweisitzige Version des verkleinerten Avro-Vulcan-Bombers. Sie diente als Prototyp zur Erprobung der Leistungsregler und der Elektronik.

Unten rechts: Frankreichs erster Düsenbomber war die Sud-Aviation SO.4000, die im März 1951 erstmals startete. Damals versuchte die französische Luftfahrtindustrie, die während des Zweiten Weltkriegs verlorene Zeit aufzuholen. Obwohl große Anstrengungen unternommen wurden, zeigt die veraltete Form der SO.4000, daß die USA und Großbritannien im Flugzeugbau weit voraus waren.

F-WBBL

AMERIKANISCHE JAGDFLUGZEUGE

Wenn der Einsatz von Bombern oder anderen offensiven Kampfflugzeugen notwendig erscheint, dann ist auch die Jagdabwehr ein absolutes Muß, um den eigenen Luftraum gegen Angriffe zu schützen. Das ist seit 1915 die Begründung für die Entwicklung von Jagdflugzeugen gewesen, und als Mitte der 40er Jahre die Atombomber-Projekte in Angriff genommen wurden, bekam die Jagdabwehr eine immer größere Bedeutung. In diesem Fall trat die Bedrohung zur gleichen Zeit zutage, als neue Triebwerkstechniken und aerodynamische Formen entwickelt wurden. Das führte zum Bau einer Anzahl faszinierender Jäger-Prototypen, aus denen einige ausgezeichnete Einsatzmuster hervorgingen.

Sowohl die USA als auch die UDSSR hatten im Zweiten Weltkrieg begonnen, strahlgetriebene Jagdflugzeuge zu entwickeln. Nach der Einführung der ersten Generation mit geraden Tragflächen stellten sie ihre Programme fast vollständig ein, um sich den überlegenen deutschen Projekten zuzuwenden, die sie nach Kriegsende beschlagnahmt hatten. Die deutschen Erkenntnisse erwiesen sich für die Alliierten als wahre Fundgrube auf den Gebieten der Hochgeschwindigkeits-Aerodynamik und der Axial-Strahlturbinentechnik. Sie ermöglichten den Amerikanern und den Sowjets, schneller und erfolgreicher den Entwicklungsstand der wesentlich moderneren strahlgetriebenen Jagdflugzeuge der zweiten Generation zu erreichen, als es ohne diesen geistigen Diebstahl möglich gewesen wäre.

Die North American F-86 Sabre war das erste dieser Jagdflugzeuge mit gepfeilten Flügeln. Sie entstand aus einer grundlegenden Überarbeitung des FJ-Fury Marinejägers, und erhielt aufgrund der deutschen Forschungsdaten 35° gepfeilte Flügel. Die Sabre entsprach völlig den kurzfristigen Erfordernissen der US-Luftwaffe. Nachdem sie mit einem Zielsuch- und Verfolgungsradar sowie einer Bewaffnung mit ungelenkten Luft-Luft-Raketen zu einem noch leistungsfähigeren Typ herangewachsen war, erfüllte sie wegen der Verzögerungen bei den strategischen Bomber-Projekten der UDSSR auch die mittelfristigen militärischen Anforderungen.

Langfristig benötigte die US-Luftwaffe aber einen technisch noch fortschrittlicheren Abfangjäger mit einem wirksamen Feuerleitsystem für gelenkte Luft-Luft-Raketen. Bei dem Versuch, solch ein Jagdflugzeug zu entwerfen, brachte Convair mit dem Modell 7 die erste beachtenswerte Vorlage. Sie wurde unter der Bezeichnung XF-92 als Prototyp in Auftrag gegeben. Der Antrieb der XF-92 sollte durch einen Westinghouse 130 Turbojet mit 726 kg Standschub erfolgen, der beim Start und im Luftkampf durch ein Reaction Motors LR-11 Flüssigkeits-Raketentriebwerk mit 2722 kg Schub unterstützt wurde. Die Maschine war ein Deltaflügler mit gemischten Antriebsaggregaten und hatte kein Leitwerk. Die Tragflächen waren mit Hilfe des deutschen Wisenschaftlers Dr. Alexander Lippisch entworfen worden, einem Aerodynamiker, dessen Forschungsarbeiten im Zweiten Weltkrieg zu dem Bau des revolutionären Raketenjägers Messerschmitt Me 163 geführt hatten. Die Bestätigung des Konstruktionsentwurfs des 60° gepfeilten Deltaflügels (komplett mit den kombinierten Höhen- und Querrudern über die volle Spannweite für die Kontrolle der Nick- und Rollbe-

Oben: Die Lockheed F-90 war als Langstrekkenjäger eine konsequente Weiterentwicklung des F-80 Shooting-Star-Konzepts, mit verfeinerter Rumpflinienführung und leicht gepfeilten Tragflächen.

Links: Die North American F-86 Sabre gilt als eines der besten Jagdflugzeuge überhaupt. Ungeachtet ihrer gepfeilten Flügel war sie ursprünglich mit geraden Tragflächen konzipiert worden.

wegungen) wurde von einem Flugzeug in verkleinertem Maßstab, dem Modell 7–002 erbracht, das Bauteile von fünf anderen Flugzeugen benutzte und von einem Allison J33-A–23 Turbojet-Triebwerk angetrieben wurde. Das Modell 7–002 war allgemein erfolgreich, und die Entwicklung der XF-92 schritt ohne übermäßige Schwierigkeiten voran. Im Juni 1949 wurde die XF-92 gestrichen; das Modell 7–002 aber als Versuchsflugzeug für hohe Geschwindigkeiten mit der Bezeichnung XF-92A weiterentwickelt. Die XF-92A wurde mit einem J33-A–29 Turbostrahltriebwerk mit Nachbrenner und einer Schubkraft von 3084 kg ausgerüstet und erreichte schließlich eine Geschwindigkeit von 950 km/h in 12.190 m Höhe. Unterdessen beendete die USAF die Ausschreibung für das Feuerleitsystem, das ursprünglich für die XF-92 bestimmt war. Es wurde später in den Abfangjäger F-102 Delta Dagger eingebaut, der bescheidene Überschallfähigkeiten hatte und aus dem Convair Modell 8 hervorging, das aerodynamisch auf der XF-92A beruhte und vom modernen Pratt & Whitney J57-Turbojet mit Nachbrenner angetrieben wurde.

Die Republic XF-91 »Thunderceptor« konkurrierte mit der XF-92. Dieses ungewöhnliche Flugzeug hatte eindeutig die F-84 Thunderstreak mit gepfeilten Tragflächen zum Vorbild, die ihrerseits eine Weiterentwicklung der F-84 Thunderjet mit geraden Tragflächen war. Die Bauweise von Rumpf und Leitwerk war konventionell, die Tragflächen- und Fahrwerkskonstruktion dagegen eine Neuerung. Sie sollte die Probleme umgehen, die im Langsamflug durch das frühe Abreißen der Strömung an den Flügelspitzen bei Flugzeugen mit gepfeilten Tragflächen entstehen. Um bei Start und Landung einen größeren Anstellwinkel zu erreichen, wurde dieser Tragflächetyp mit einem variablen Einfallswinkel versehen. Diese Besonderheit wurde mit einer Verjüngung und gleichzeitigen Verdickung der Tragflächen nach innen sowie Vorflügeln an der Vorderkanten der Tragflächen kombiniert. Auf diese Weise vergrößerten sich Profil und Dicke der Tragfläche von der Wurzel zur Spitze hin, was zu mehr Auftrieb an der Spitze als an der Wurzel führte. Diese Bauweise zwang dazu, das Fahrwerk auswärts in den Tragflächenspitzen anstatt einwärts im dünnen Rumpf unterzubringen.

Angetrieben von einem 2359 kg Schub liefernden General Electric J47-GE-3 Turbojet und einem Reaction Motors LR-11 Raketentriebwerk mit vier paarweise über und unter dem Strahlrohr des Düsentriebwerks angebrachten Düsen, flog die XF-91 im Mai 1949 zum ersten Mal. Im Dezember 1952 durchbrach sie die Schallmauer. Später wurde das herkömmliche Leitwerk durch ein V-Leitwerk ersetzt, bei dem Höhen- und Seitenruder in den V-förmig gewinkelten Flächen zu einer Einheit verschmolzen. Es wurde kein Produktionsauftrag erteilt, die XF-91 aber bis zu ihrer Außerdienststellung intensiv für die Forschung genutzt.

1946 erteilte das neu geschaffene Strategische Luftkommando der USAAF den Auftrag zur Entwicklung eines Langstrekkenjägers, einem Begleitjäger für den strategischen Langstreckenbomber Convair B-36. Die Notwendigkeit eines solchen Jagdflugzeugs war bereits 1943 und 1944 über Deutschland erkannt worden, als deutsche Jäger die schweren Bomber Boeing B-17 und Consolidated B-24 reihenweise abschossen, bis sie Begleitschutz von klassischen Typen wie der Republic P-47 oder der bewährten North American P-51 erhielten. Jetzt wurde aber ein Langstreckenjäger gefordert, der vor der Bomberflotte herflog, um alle feindlichen Jäger niederzuhalten. Das von der Firma Lockheed vorgeschlagene Modell 153 schien beträchtliche Möglichkeiten zu eröffnen und wurde in der Form von zwei XF-90 Prototypen in Auftrag gegeben. Der Entwurf hatte Ähnlichkeiten mit der F-80 Shooting Star aus demselben Hause, besaß aber ein fortschrittlicheres aerodynamisches Konzept. Es enthielt einen sich elegant verjüngenden Rumpf, 35 °gepfeilte Tragflächen und zwei seitlich angebrachte, je 1905 kg Schub liefernde Westinghouse J34-WE-11 Turbojets mit Nachbrennern. Die in der Flugzeugzelle untergebrachte beträchtliche Treibstoffmenge ermöglichte in Verbindung mit den abwerfbaren Zusatztanks an den Tragflächenspitzen einen Einsatzradius von ungefähr 1770 km. Damit sollte der Begleitschutz von den in Westdeutschland gelegenen Flugplätzen bis in die westliche UDSSR sichergestellt werden. Als Bewaffnung dienten vier 20 mm-Kanonen und sechs 12,7 mm-Maschinengewehre. Der Jäger flog erstmals im Juni 1949, wobei sich sofort heraustellte, daß die Antriebsleistung der Triebwerke viel zu gering war. Da der Bedarf der USAF sich zur

Ein weiterer Langstrekkenjäger-Prototyp war die McDonnell XF-88. Obwohl sie nie in Serie ging und die übertrieben-optimistischen Anforderungen nicht erfüllen konnte, bahnte sie den Weg für die große F-101 Voodoo; einen Jäger und Aufklärer.

gleichen Zeit änderte, wurde das Projekt eingestellt.

Die McDonnell XF-88 war ein weiteres Jagdflugzeug mit 35° gepfeilten Tragflächen. Ihr Antrieb erfolgte durch zwei Westinghouse J34-WE-13 Turbojets mit je 1361 kg Schubkraft, deren Abgase aus kurzen und daher leistungsstärkeren Strahlrohren ausgestoßen wurden, die unter den Tragflächenhinterkanten angebracht waren. Das zwang die Konstrukteure, eine nach oben gebogene Bauweise des Leitwerks zu wählen, was zu einem Charakteristikum bei mehreren anderen Mustern aus diesem Haus wurde. Der erste der beiden Prototypen flog im Oktober 1948. Der Zweite wurde von J34-WE-22 Triebwerken mit kurzen Nachbrennern angetrieben, die im Luftkampf je 1633 kg Schubleistung erzeugten. Die erreichte Geschwindigkeit wurde als ausreichend betrachtet. Da aber sowohl die Reichweite als auch die Dienstgipfelhöhe weit unter den geforderten Leistungen lagen, wurde das Programm 1950 eingestellt. Der erste Prototyp wurde dann als XF-88B zur Testmaschine für das Alison XT38 Turboprop-Triebwerk umgestrickt. Mit diesem Triebwerk wurden ab April 1953 viele Flüge mit insgesamt 27 verschiedenen Luftschrauben durchgeführt, die eine unterschiedliche Anzahl von Blättern und Durchmesser zwischen 1,2 und 3,5 m hatten. Anschließend diente die XF-88 Zelle als bauliche und aerodynamische Grundlage für den großartigen Abfangjäger und Aufklärer F-101, einem echten Überschallflugzeug.

Als die XF-88 und XF-90 Projekte gerade eingestellt werden sollten, brach der Koreakrieg aus. Hier setzte die USAF die schweren Bomber Boeing B-29 ein, um den Nachschub der kommunistischen Streitkräfte zu unterbinden. Dabei erlitten die Bomber schwere Verluste durch die Mikojan-Gurjewitsch-Jäger MiG-15. Die Amerikaner griffen ihre Langstreckenjäger-Projekte wieder auf und bauten eine F-101 mit einem verlängerten Rumpf, der zwei Pratt & Whitney J57-Triebwerke aufnehmen mußte.

Die im Grunde vergleichbaren Erfordernisse hatten McDonnell im Zweiten Weltkrieg dazu veranlaßt, einen ungewöhnlichen Begleitjäger zu planen. Dieses Jagdflugzeug sollte als »Parasit« (oder vielleicht besser ausgedrückt als »Partner«) in den Abmessungen klein genug sein, um von einem Bomber getragen und – wenn nötig – gestartet werden zu können. Mit der MX–472 hatte McDonnell bereits 1942 einen Typ vorgestellt, der unter einer B-29 aufgehängt wurde und dabei zur Hälfte im Rumpfinneren verschwand. Die Weiterentwicklung dieses Konzepts brachte 1945 das Modell 27 in vier Varianten hervor. Sie ließen sich vollständig in den Rümpfen der schweren Bomber Northrop B-35 und Convair B-36 unterbringen. Zu Beginn des kalten Krieges arbeitete McDonnell das Modell 27 zur XF-85 Goblin um, die treffend als »dikkes Ei mit Flügeln« bezeichnet wurde. Das Rumpfinnere wurde praktisch durch das 1361 kg Schub liefernde Westinghouse J34-WE-7 Turbojet-Triebwerk, dem dazu benötigten Treibstoff und den vier 12,7 mm -Maschinengewehren mit Munitionsvorrat ausgefüllt. Der Pilot saß unter einem stromlinienförmigen Baldachin-Kabinendach buchstäblich auf dem Triebwerk, gleich hinter dem Haken, der das

Ausklinken und Wiederankoppeln dieses winzigen Jagdflugzeugs in der Luft ermöglichte. Die Tragflächen waren 35° gepfeilt und so angeordnet, daß sie sich aus der senkrechten Stau-Position voll entfalten konnten. Damit hatte der Jäger eine »geparkte« Spannweite von nur 1,64 m, während sie nach dem Herablassen aus dem Rumpf des Mutterflugzeugs bei voller Entfaltung der Tragflächen vor dem Ausklinken 6,54 m betrug. Das auffallende Leitwerk bestand aus sechs Tragflächen, die für eine angemessene Richtungs- und Längssteuerung sorgen sollten. Sie mußten jedoch ungefaltet in den Bombenschacht der B-36 passen. Der erste von zwei XF-85 Prototypen flog im August 1948. Die Testflüge zeigten aber, daß diese Maschine gräßliche Steuerungseigenschaften bei dürftigen Leistungen hatte. Die Piloten hatten die größten Schwierigkeiten, wieder an das Mutterflugzeug anzukoppeln. Der Auftrag für 30 Serienflugzeuge war schon im Laufe des Jahres 1947 zurückgezogen worden.

Nach dem Zweiten Weltkrieg glaubte die USAAF (danach auch die USAF) ähnlich wie alle größeren Luftstreitkräfte, daß verschiedene Flugzeugtypen für die Tagjagd auf der einen und Nacht/Allwetterjagd auf der anderen Seite gebraucht würden. Unter dem Tagjäger stellte man sich ein leichteres einsitziges Muster vor, während der Nacht/Allwetterjäger als schwereres zweisitziges Flugzeug mit Bordradar verstanden wurde. Die kräftige Northrop P-61 »Schwarze Witwe« war gegen Ende des Zweiten Weltkriegs der Standard-Nachtjäger der USAAF, aber schon bald dachte man über ein strahlgetriebenes Nachfolgemuster nach. Einige Überlegungen galten einer zweisitzigen Version der Bell XP-33, einem einsitzigen Langstreckenprototyp, der im Februar 1945 geflogen war. Die Leistungsdaten dieses frühen Typs waren aber unzureichend.

Drei Gesellschaften entwickelten Prototypen, die den Forderungen der USAF nach einem Flugzeug mit Bordradar entsprachen: Es sollte – mit Kanonen oder schweren Maschinengewehren bewaffnet – mindestens eine Geschwindigkeit von 966 km/h und eine Dienstgipfelhöhe von 12.190 m erreichen. Zwei dieser Prototypen führten zu Serienflugzeugen mit immer stärkeren Leistungen (die Lockheed F-94 Starfire und die Northrop F-89 Scorpion). Die Curtiss-Wright XP-87 (der letzte von Curtis gebaute Typ) erhielt vier starr in die Flugzeugnase eingebaute 20 mm-Kanonen und eine Vorrichtung für vier 12,7 mm-Maschinengewehre auf einer rückwärts angebrachten Lafettierung. Der Antrieb erfolgte durch vier, paarweise an den Tragflächen angebauten Turbojets. Der erste Prototyp namens »Nighthawk«

Oben: Die Lockheed F-94 Starfire war eine direkte Weiterentwicklung der F-80 Shooting Star. Sie wurde mit einem Nachbrenner-Triebwerk, einem Radargerät (zu dessen Bedienung ein zweites Besatzungsmitglied benötigt wurde) und verbesserter Bewaffnung als Allwetterjäger gebaut.

wurde von vier Westinghouse J34-WE-7 Triebwerken angetrieben. Der zweite Prototyp »Blackhawk« nutzte vier General Electric J47-GE-15 Turbinen als Antrieb. Die XB-87 »Nighthawk« flog zum erstenmal im März 1948, die XP-87A »Blackhawk« nie. Um zusätzliche Finanzierungsmittel für die F-89 und F-94 Programme bereitstellen zu können, wurde eine erteilte Produktionszusage über 88 Flugzeuge mit J-47 Triebwerken wieder zurückgezogen.

Die US-Marine wollte ihre Flugzeugträger-Jagdstaffeln ebenfalls modernisieren. Die Typen der ersten Generation waren die Ryan FR-1 Fireball mit einem einem gemischten Antriebsaggregat (ein Kolbenmotor an der Flugzeugnase für den Langstreckenflug und ein Turbostrahltriebwerk im Heck für zusätzliche Leistungen im Luftkampf) sowie die McDonnell FH–1 Phantom mit zwei kleinen Westinghouse J30 Turbojets. Obwohl beide Typen ihren Dienst versahen, war die North American FJ-1 Fury der erste wirklich einsatztaugliche Düsenjäger der Marine; eine Maschine mit geraden Flächen, die später für die Luftwaffe zur F-86 Sabre mit Pfeilflügeln weiterentwickelt wurde. In einer geschickten Umkehrung übernahmen dann die Seestreitkräfte eine Marine-Version der F-86E als FH-2 Fury.

Die Firma Ryan entwickelte aus der Fireball die XF2R. Sie erhielt anstelle des gemischten Antriebsaggregats das General Electric XT31-GE-2 Turboprop-Triebwerk. Die XF2R flog erstmals im November 1946, wurde aber nicht als Einsatzflugzeug bestellt. Die Marine war jedoch von dem Konzept des gemischten Antriebs so beeindruckt, daß sie ein weiteres Modell dieser Art in Auftrag gab. Im April 1944 waren drei Prototypen XF15C bei Curtiss–Wrigth bestellt worden. Dieses Muster erhielt ein Pratt & Whitney R-2800–34W Kolbentriebwerk in die Flugzeugnase, das 2100 PS an eine vierblättrige Luftschraube lieferte, sowie einen zentral im Rumpf untergebrachten de Havilland H.1B Turbojet mit 1225 kg Standschub, dessen Abgase über ein langes Strahlrohr unterhalb des Leitwerks ausgestoßen wurden. Dieses gemischte Antriebsaggregat erbrachte die erforderlichen Leistungen, denn die XF15C konnte Geschwindigkeiten von 755 km/h und

Unten: Der Marinejäger North American FJ Fury entsprach mehr dem ursprünglichen Konzept der geraden Tragflächen des landgestützten Jagdflugzeugs F-86 Sabre. Das Bild zeigt ihn in der Prototyp Form XFJ-1. Das Entwicklungsprogramm wurde 1944 gestartet.

Entfernungen von 2229 km erreichen. Das Flugzeug hatte aber verhängnisvolle Mängel in der Steuerung und wurde nicht als Serienflugzeug bestellt.

Nachträglich erscheint das Konzept des gemischten Antriebsaggregats ein bißchen seltsam, aber das Testmodell eines anderen Marine-Jagdflugzeugs war noch seltsamer. Es handelt sich um die Vought XF5U, einem Abkömmling der V–173, die für aerodynamische Forschungsaufgaben eingesetzt wurde. Die XF5U besaß eine überwiegend runde Tragfläche mit einem doppelten Seitenleitwerk an den hinteren »Ecken«. Zwei Stabilisierungsklappen saßen an der Außenseite und zwei vorspringende kombinierte Höhen- und Seitenruder zur Steuerung der Nick- und Rollbewegungen auf der Innenseite. Der Körper bestand aus Aluminium-getränktem Balsaholz, das eine hohe Festigkeit bei geringem Gewicht aufwies. Das Antriebsaggregat umfaßte zwei 1600 PS starke Pratt & Whitney R-2000–7-Sternmotoren im dikken Innenteil der Tragflächen. Sie trieben die beiden großen vierblättrigen Luftschrauben, die sich an den »Vorderkanten« der Tragflächen befanden, über Getriebe an. Die V–173 bestätigte untadelige Flugeigenschaften und einen ungewöhnlichen Geschwindigkeitsspielraum, der von 32 km/h bis 740 km/h reichte. Der Prototyp wurde im August 1945 fertiggestellt; aber erst 1947 standen die speziellen Luftschrauben zur Verfügung. Erste Flugversuche waren für 1948 angesetzt worden. Bevor sie jedoch beginnen konn-

Links: Eine der größten Enttäuschungen für die betreffenden Konstrukteure war sicherlich die Entscheidung, die Weiterentwicklung des Marinejägers Vought F5U mit seinen runden Tragflächen kurz vor dem ersten Flug einzustellen.

Links: Die Vought F6U-1 Pirate war ein früher Marinejäger (vordere Maschine), der nur knapp über das Prototypen-Stadium hinauskam und bald von moderneren Typen überholt wurde.

Unten: Die Vought V–173 bestätigte das aerodynamische Konzept des F5U-Marinejägers und bewies, daß sie sowohl gute Flugleistungen (innerhalb der Grenzen, die von dem schwachen Antrieb gesetzt wurden) als auch untadelige Steuerungseigenschaften besaß, zu denen eine große Manövrierfähigkeit gehörte.

ten, wurde das Projekt eingestellt und die XF5U völlig zerstört, was wegen der großen Festigkeit des Materials enorme Schwierigkeiten bereitete.

Die Entwicklung modernerer strahlgetriebener Jagdflugzeuge schritt zu dieser Zeit weiter voran. Wenn die FJ-1 Fury auch der erste voll einsatzbereite Düsenjäger der Marine wurde, war in Wirklichkeit ein anderer Mitbewerber vor ihr in die Luft gekommen. Die Vought XF6U Pirate flog schon im Oktober 1946, genau sieben Wochen vor dem Prototyp der Fury. Die Pirate war von der Bauweise her ein weniger fortschrittliches Flugzeug, wenngleich sie dem Piloten aus dem dicht hinter der Flugzeugnase aufgesetzten, baldachinförmigen Kabinendach eine hervorragende Sicht bot. Die Anordnung der Luftansaugschächte des 1361 kg Schub liefernden Westinghouse J34-WE-22 Turbostrahltriebwerkes an die Tragfächenwurzeln hatten diese Stellung der Pilotenkanzel ermöglicht. Die spätere Umrüstung auf das 1905 kg Schub erzeugende J34-WE-30A Triebwerk steigerte die Flugleistungen derart, daß 30 Serienmaschinen bestellt wurden. Es dauerte 18 Monate, bis diese an die Marine ausgeliefert waren. In der Zwischenzeit hatte die Entwicklung solche Fortschritte gemacht, daß neuere Typen wie die Grumman F9F

Panther und die McDonnell F2H Banshee weitaus bessere Flugleistungen boten.

Die Panther und die Banshee mauserten sich zu den Hauptstützen der Marinejäger im Koreakrieg. Unterdessen – über fünf Jahre nach Ende des Zweiten Weltkrieges – waren die deutschen Forschungsarbeiten über den Hochgeschwindigkeitsflug ausgewertet worden und in die Entwicklung einer neuen Generation von Jagdflugzeugen eingegangen, die Geschwindigkeiten im schallnahen und schließlich im begrenzten Überschallbereich erzielen konnten. Zu diesen eindrucksvollen Jagdflugzeugen gehörten die Vought F7U Cutlass, eine Konstruktion mit gepfeilten Flügeln, einem zentral gelegenen großen stromlinienförmigen Gehäuse und zwei stattlichen Seitenrudern; die Douglas F3D Skynight, ein Nachtabfangjäger mit geraden Flächen, der aber auch mit gepfeilten Flügeln und verbesserten Leistungen als F3D-3 angeboten wurde; die Douglas F4D Skyray, ein Deltaflügler ohne Leitwerk mit Leistungen im Überschallbereich; die McDonnell F3H Demon, ein gepfeilter Abfangjäger; die Grumman F9F Cougar, eine gepfeilte Version der geradeflächigen F9F Panther; und die North American FJ-2 Fury, eine Marineversion der Luftwaffen-Sabre.

Alle diese Einsitzer waren für die Tagjagd ausgelegt. Die Marine wollte jetzt aber moderne Jagdflugzeuge, die ihre Flugzeugträger auch bei Nacht und schlechtem Wetter schützen konnten. Dazu benötigte sie Jagdflugzeuge mit radargesteuerten Feuerleitsystemen und Luft-Luft-Raketen. Die F5D Skylancer war die erste Maschine, die diesen Anforderungen entsprach. Sie war im Grunde genommen eine vergrößerte Version der Skyray mit einem stromlinienförmigeren Rumpf und Tragflächen, deren Auftriebs-Widerstands-Verhältnis (Profildicke-Spannweiten-Verhältnis) herabgesetzt worden war, um, angetrieben von einem Pratt & Whitney J57-P-8 Turbojet mit Nachbrenner, höhere Überschalleistungen zu erzielen. Der erste von vier XF5D-Prototypen flog im April 1956 und durchbrach bereits auf seinem ersten Flug die Schallmauer. Die Maschine konnte Geschwindigkeiten von 1500 km/h erreichen, aber eine Serienproduktion (mit Bordradar und vier Raketen, zusätzlich zu den vier eingebauten 20 mm Kanonen) wurde zugunsten noch modernerer Allwetter-Jagdflugzeuge aufgehoben.

Während diese Typen als Einsatzmaschinen entwickelt wurden, trieb die Marine noch zwei Forschungsprogramme für Jagdflugzeuge voran, bei denen es vor allem um die Start- und Landeeigenschaften ging. Die Flugzeuge benötigten zum Start die kräftige Unterstützung eines

Rechts: Charakteristische Konstruktionsmerkmale lassen sich oft wie ein roter Faden durch andere Muster desselben Herstellers verfolgen. Die abgebildete McDonnell F3H-Demon weist Merkmale wie die Stellung des Leitwerks über der Abgasdüse oder einen Grundriß der Tragfläche auf, die noch bei später gebauten Jagdflugzeugen wie der F-4 Phantom II und sogar bei der F-15 Eagle erscheinen.

Oben: Vought's nächster Marinejäger nach der F6U war die ehrgeizige F7U Cutlass, bei der ein kurzer Rumpf das Antriebsaggregat und die Tragflächen trug. Von jeder Tragfläche verlief ein Ausleger nach hinten, der in je einem Seitenleitwerk endete. Es gab keine Höhenflossen. Dafür hatten die Tragflächen kombinierte Quer- und Höhenruder, die bei Ausschlägen in unterschiedlicher Richtung als Querruder und bei Bewegungen in gleicher Richtung als Höhenruder wirkten.

Rechts: Die gepfeilte Tragfläche war der wichtigste Einzelteil, mit dem sich die Konstrukteure in den späten 40er und frühen 50er Jahren auseinandersetzen mußten. Diese Tragflächenform bot beträchtliche Vorteile bei hohen Geschwindigkeiten, einschließlich der Steuerbarkeit. Oft lohnte es sich, eine Konstruktion mit geraden Tragflächen in eine mit Pfeilflügeln umzugestalten. Ein typisches Beispiel hierfür war die Grumman F9F Cougar der US-Marine, die aus der F9F Panther enstand.

Links: Die North American FJ Fury war ein weiterer Marinejäger, der auf Pfeilflügel umgerüstet wurde. Diese Konstruktion mit geraden Tragflächen war die Grundlage für die F-86 Sabre der US Luftwaffe mit gepfeilten Flächen. Der Kreis schloß sich wieder, als die Marine die Seeversion der F-86E als FJ-2 Fury übernahm. Hier eine gelungene Aufnahme der endgültigen FJ-4 Version.

Dampfkatapults und brauchten selbst mit einem Fangkabelsystem eine beträchtliche Landestrecke. Die Einführung des winkelförmigen Flugdecks hatte diese Probleme zwar gemildert, da sie die Einrichtung getrennter Start- und Landeflächen ermöglichte. Der Bedarf an immer schwereren Jagdmaschinen bedeutete aber gleichzeitig, daß die Flugzeugträger immer größer und damit verwundbarer wurden. Die Marine nahm völlig zu Recht an, daß sich das Ausmaß dieses Problems besonders bei Jagdflugzeugen verringern würde, wenn diese senkrecht starten und landen könnten (VTOL = vertical take off and landing; zu deutsch: Senkrechtstarter), und unterstützte ab 1949 aktiv die VTOL-Forschungsprogramme.

Zwei bemerkenswerte Prototypen waren das Ergebnis dieser Programme, die Lockhed XFV–1 und die Convair XFY–1 Pogo. Beide Konstruktionen standen aufrecht auf dem Leitwerk und besaßen ein 5500 PS starkes Allison T40-A–6 Turboprop-Triebwerk, das große gegenläufige Luftschraubeneinheiten antrieb. Die vorhandene Schubkraft überstieg das Gewicht der Flugzeugtypen und ermöglichte so den Senkrechtstart. Die XFV–1 war der eher konventionell ausgestattete Typ, ein Mitteldecker mit niedriger Flügelstrekkung. Um senkrecht starten und landen zu können, bestand das Leitwerk aus kreuzförmig angeordneten Flächen, die einen 45° Winkel zu den Tragflächen bildeten und an den äußeren Hinterkanten mit »Laufrollen« versehen waren. Um mit den Flugversuchen beginnen zu können – als das Triebwerk noch nicht für den Senkrechtstart freigegeben war – versah man die Maschine für herkömmliche Starts und Landungen mit einem leichten, aber dennoch stabilen Fahrwerk, das nicht eingezogen werden konnte. In dieser Form flog der Prototyp erstmals im Juni 1954. Insgesamt wurden 22 Testflüge

Unten: Douglas war neben Convair der andere Hauptverfechter des Deltaflügels in den USA. Die Firma baute mehrere nennenswerte Typen, darunter den Abfangjäger Skylancer, der von der F4D Skyray abstammte und hier in Form des Prototyps XF5D-1 abgebildet ist.

Oben und links: Die für die US-Marine entwickelte Convair XFY–1 Pogo war ein auf dem Leitwerk sitzender Senkrechtstarter, der ausschließlich für Forschungszwecke benutzt wurde.

durchgeführt, in deren Verlauf 32 VTOL-Versuche aufgezeichnet werden konnten, nachdem Veränderungen an der Triebwerkseinheit Steig-, Schwebe- und Sinkflüge ermöglicht hatten. Nur eine der beiden XFV–1 ist geflogen, und reine VTOL-Einsätze fanden nicht statt.

Die XFY–1 war eine Konstruktion mit Deltaflügeln sowie großen gepfeilten Rükken- und Bauchflossen. Die vier kreuzförmig angeordneten Flächen besaßen Laufräder, um das Flugzeug in vertikaler Stellung abzustützen. Diese Bauweise machte es aber unmöglich, die XFY–1 mit demselben konventionellen Fahrwerk wie die XFV–1 auszurüsten. Deshalb erhielt Convair das einzige T40 Triebwerk, das je für den VTOL Einsatz freigegeben wurde. Die Pogo startete im August 1954 zum ersten reinen VTOL-Flug. Das Flugtestprogramm verlief im ganzen sehr erfolgreich, zeigte aber wie bei der XFY–1, daß der Betrieb dieser auf dem Leitwerk stehenden Typen ein überdurchschnittliches fliegerisches Können voraussetzte.

Die US Marine untersuchte zwei weitere Möglichkeiten, die Start- und Landeanforderungen auf ihren neuen Flugzeugträgern zu verringern, nämlich ein Wasser-Jagdflugzeug und einen Jäger mit schwenkbaren Flügeln. Der von der Wasseroberfläche startende Jäger hätte überhaupt kein Flugdeck benötigt und war deshalb für die Marine aus einer Anzahl von taktischen Erwägungen äußerst interessant. Die Marine verlangte, daß die Leistungen mindestens mit denen eines modernen landgebundenen Jagdflugzeugs vergleichbar sein müßten. Das erforderte aber eine völlig veränderte Flugzeugzelle im Vergleich zu den bisherigen Wasser-Jagdflugzeugen, die entweder kompliziert gebaute Maschinen mit Schwimmern und damit höherem Widerstand waren, oder Flugboote mit einem großen Rumpf, der diese Typen über Wasser halten mußte.

Mit der Entwicklung eines Wasser-Abfangjägers wurde die Gesellschaft Convair beauftragt. Das Ergebnis war die XF2Y Sea Dart, ein bemerkenswerter Typ. Convair war angewiesen worden, eine Bauweise zu untersuchen, bei der der Rumpf so tief im Wasser liegt, daß die Tragflächen so lange beim Schwimmen helfen, bis die Maschine beim Start genügend beschleunigt, um an der Oberfläche auf dem geglätteten unteren Teil des Rumpfes gleiten zu können. Die amerikanische Luftfahrtforschungsanstalt (NACA, ab 1958 NASA) untersuchte in der Zwischenzeit das »Wasserski«-Konzept, das als Alternative zu den Schwimmern gedacht war. Bei ausgefahrenen Skiern erhob sich das beschleunigende Flugzeug über die Wasseroberfläche und glitt auf den Skiern, bis es die notwendige Abhebegeschwindigkeit erreichte. Eingefahren bildeten die Wasserskier den unteren Teil des Rumpfes, ohne zusätzlichen Widerstand zu erzeugen.

Convair entschied sich schließlich, die beiden Konzepte bei der Sea Dart zu kombinieren. Aus der Planungsphase entsprang ein Flugzeug, das klein und schnittig war und an die anderen Deltaflügel-Muster dieser Gesellschaft erinnerte. Nur die Luftansaugschächte der beiden je 1542 kg Schub liefernden Westinghouse J34-WE-32 Turbojets lagen auf dem Rumpfrücken, wo sie vor Spritzwasser geschützt waren. Während der Testläufe traten erhebliche Vibrationen und ein Stampfen auf, das von den beiden Wasserskiern verursacht wurde. Letztere ersetzte man durch einen V-förmigen Einzelski. Die Sea Dart flog erstmals im April 1953, hatte aber weiter Schwierigkeiten mit dem Wasserski. Die nicht ausreichende Schubleistung und eine Anzahl aerodynamischer Probleme führten schließlich 1955 zur Aufgabe dieses Projekts.

Mehr Erfolg brachte die Entwicklung von Schwenkflügeln, die eine minimale Pfeilstellung bei Start und Landung, eine mittlere Pfeilstellung für den Treibstoffsparenden Reiseflug und maximale Pfeilung bei hohen Geschwindigkeiten ermöglichten. Den ersten Versuch auf diesem Gebiet unternahm die Marine mit der Grumman XF10F Jaguar, die 1948 als mögliches Nachfolgemuster der F9F Panther geplant wurde. Die aerodynamischen Grundzüge eines Schwenkflügel-Musters waren bereits bei einer Anzahl von Flugzeugen erforscht worden. Nennenswerte Typen sind die während der frühen 30er Jahre in England entwickelte Westland Pterodactyl IV, die während des Zweiten Weltkriegs in Deutschland von Messerschmitt konstruierte P.1011 und das Forschungsflugzeug Bell X–5, das für die NACA und die USAF eine Tragfläche für ein Jagdflugzeug überprüfen sollte, die zwischen 20° und 60° Pfeilung geschwenkt werden konnte. Die X–5 war noch nicht geflogen, als Grumman mit den Arbeiten an der Jaguar begann, aber es lagen bereits zahlreiche technische Daten vor, die den Ingenieuren von Grumman bei der Lösung der anstehenden Probleme wertvolle Hilfe leisteten.

Ursprünglich sollte die XF10F als abgeänderte Version der Panther mit gestutzten Deltaflügeln ausgestattet werden. Dieses Konzept wurde entwickelt, bis eine schwenkbare Tragfläche mit variablem Einfallswinkel geplant wurde, welche die Start- und Landegeschwindigkeiten verringern sollte. Die Marine erweiterte dann das Spektrum der Einsatzaufgaben ihrer Jäger, was das Flugzeuggewicht so in die Höhe trieb, daß die Firma auf die Idee kam, Schwenkflügel zu konstruieren. Der erste Entwurf mit variabler Geometrie sah eine Tragfläche mit nur zwei möglichen Pfeilstellungen vor (eine Pfeilung von 13°12′ für Start und Landung, und eine Pfeilung von 42°30′ für alle anderen Flugphasen). Ein zusätzlicher Mechanismus sollte die Tragflächenwurzeln beim Schwenken der Flügel nach hinten vorwärts schieben, um das richtige Verhältnis zwischen Schwerkraft und Auftrieb zu erhalten. Eine weitere Verfeinerung brachte die nächste Entscheidung, den Pfeilungswinkel von der Minimum- bis zur Maximumstellung beliebig verändern zu können. Das Flugzeuggewicht erhöhte sich durch die Ausrüstung mit diesen Tragflächen um weitere 998 kg, die Landegeschwindigkeit verringerte sich aber von 213 km/h auf 175 km/h. Zusätzlich erhielt die Jaguar ein modernes Steuerungssystem mit einem vor der Leitfläche angebrachten Deltaflügel, der als Servomechanismus für das im ganzen bewegliche Höhenleitwerk dienen und die Steuerungsfähigkeit im schallnahen Bereich verbessern sollte.

Die Konstruktion dieses komplizierten Flugzeugs dauerte weitaus länger als vorher angenommen worden war, und es wurde März 1953, bis der XF10F-Prototyp flog – drei Jahre später als vorgesehen. Die neuartige Servosteuerung für das Höhenleitwerk erwies sich in der Praxis als viel zu langsam, sie wurde durch eine herkömmlich angetriebene Höhenflosse ersetzt. Schon bald wurde klar, daß umfangreiche Änderungen der Gesamtkonstruktion notwendig sein würden, bevor eine Serienproduktion erwogen werden konnte. Grumman gab das Projekt daraufhin auf. Erwähnenswert bleibt, daß das revolutionärste Kennzeichen dieser Maschine, ihre voll schwenkbare Tragfläche, nie irgendwelche Schwierigkeiten machte, und alle Erwartungen erfüllte.

Als das Jaguar Programm beendet wurde, hatte sich die Marine endgültig auf Überschalljäger festgelegt, und stellte die Grumman F11F Tiger (eines der ersten Flugzeuge, dessen Rumpf nach der Flächenregel konstruiert war) und die Vought F8U Crusader in Dienst. Letztere kann als Gegenstück zu der bei der USAF

Aus ihrem erfolgreichen Jäger F-8 Crusader entwickelte Vought die F8U-3 Crusader III. Dabei behielt die Firma die variablen Anstell-Tragflächen des Orginalmusters bei; stattete die Maschine jedoch mit einem stärkeren Triebwerk aus, das die Luft durch einen vorwärts geneigten Ansaugschacht unter der Flugzeugnase aufnahm. Die US-Marine bevorzugte jedoch die McDonnell F4H, die schließlich zur F-4 Phantom II wurde.

Oben: Die F-86 Sabre war der Wegbereiter des ersten westlichen Überschalljägers, der North American F-100 Super Sabre. Sie besaß stärker gepfeilte Tragflächen und ein weitaus kräftigeres Turbostrahltriebwerk mit Nachbrenner und erhielt mehrere aerodynamische und systemgebundene Verfeinerungen – was die Erfahrung der amerikanischen Luftfahrtindustrie mit Einsatz- und Forschungsflugzeugen im schallnahen und Überschallflug belegte.

eingesetzten North American F-100 Super Sabre angesehen werden, war aber in jeder Beziehung das leistungsstärkere Jagdflugzeug. Das Interessanteste an ihr waren die Tragflächen mit variablem Anstellwinkel, die geringere Start- und Landegeschwindigkeiten erlaubten. Gleichzeitig ermöglichten sie es, den Rumpf verhältnismäßig waagerecht zu halten, damit das Blickfeld des Piloten auf das Flugdeck nicht beeinträchtigt wurde.

Die Crusader erwies sich außerdem als so gut, daß ernste Anstrengungen unternommen wurden, eine Mach-2-Version in Form der Crusader F8U-3 Crusader III zu bauen. Diese sah der ursprünglichen Crusader äußerlich sehr ähnlich, war aber eigentlich ein neues Flugzeug. Besonders auffällig waren der veränderte vordere Rumpf (mit einer spitzen Raketennase und vorwärts geneigten, löffelförmigen Luftansaugschächten) und die Steuerflächen mit einer größeren Flügelstreckung, die sich von der horizontalen Ebene nach unten neigten, um eine höhere Stabilität im Überschallflug zu gewährleisten. Der Typ flog erstmals im Juni 1958 und stellte seine sehr guten Flugleistungen unter Beweis. Zur Serienproduktion wurde aber die Wettbewerbs-Gegnerin McDonnell F4H Phantom II ausgewählt.

Die General Dynamics/Grumman F-111B, die Marine-Version des taktischen Kampfflugzeugs F-111, war das einzige weitere Jagdflugzeug der Marine, das vollständig gebaut, aber nicht bestellt wurde. Das gesamte Projekt entsprang dem finanzpolitischen Wunschdenken, die sehr unterschiedlichen Bedürfnisse der Marine und der Luftwaffe mit einem Flugzeugzellen/Antriebsaggregat-Muster befriedigen zu können. Das fundamentale Flugzeug mit den variabel-geometrischen Schwenkflügeln wurde von General Dynamics entwickelt, während Grumman hauptverantwortlich für die Marine-Version war. Letztere flog im Mai 1965 zum erstenmal. Es traten aber mehrere Gewichts- und andere technische Probleme auf; das Projekt wurde 1968 aufgegeben.

Rechts: Ein weiteres Jagdflugzeug, das von den Erfahrungen mit schallnahen Einsatz- und Überschall-Forschungsflugzeugen profitierte, war der McDonnell-Jäger F-101 Voodoo, der aus dem XF-88 Langstreckenjäger-Prototyp hervorging.

Unten: Die Republic F-105 Thunderchief war ein weiteres taktisches Kampfflugzeug aus der »Hunderter« Serie, das problemlos Überschallgeschwindigkeiten erzielte. Verantwortlich dafür war ein starkes Antriebsaggregat in Verbindung mit einer aerodynamisch eleganten Flugzeugzelle – in diesem Fall mit einem taillierten oder »Coca-Flaschen«-Rumpf – womit der stärkere Wellenwiderstand bei großen Unterschieden in der Querschnittsfläche vermieden wurde.

Grumman nutzte jedoch die gesammelten Erfahrungen mit den variabel-geometrischen Schwenkflügeln dieses Typs (ebenso die Erfahrungen mit dem radargestützten Feuerleitsystem und den mächtigen Phoenix Luft-Luft-Langstrekkenraketen) bei der Entwicklung des Nachfolgemusters der F-111B, dem Träger-Jagdflugzeug F-14 Tomcat.

Zwei weitere Marine-Projekte sind erwähnenswert, auch wenn sie nicht zur Serienreife führten. Es sind die Douglas F6D Misseleer und die Grumman XF12F. Die Misseleer schien ein Anachronismus in der Zeit der Mach-2-Jäger mit gepfeilten Tragflächen zu sein: Sie wurde als stabiler Unterschalltyp mit geraden Tragflächen geplant und erhielt ein Antriebsaggregat aus zwei Pratt & Whitney TF30-P-2 Mantelstromtriebwerken für lange Maximalflugzeiten. Wie schon der Name andeutet, war die Misseleer selbst kein echter Jäger, sondern mehr ein mit Radar ausgestattetes Abschußsystem für sechs

Rechts und außen rechts: Die Lockheed SR-71 »Blackbird« wurde 1990 außer Dienst gestellt. Sie bleibt aber eine der größten technischen Errungenschaften in der Geschichte des motorisierten Fluges. Es ist wenig wahrscheinlich, daß die absoluten Geschwindigkeits- und Dauerflug-Höhenrekorde der SR-71 in den nächsten Jahren überboten werden.

AAM-N-10 Eagle Luft-Luft-Langstreckenraketen, die als die eigentlichen Abfangjäger angesehen wurden. Insgesamt waren 120 Maschinen dieses Typs bestellt worden, aber noch bevor mit dem Bau des ersten Prototyps begonnen werden konnte, wurde 1961 das ganze Projekt eingestellt.

Die XF12F war als Teilnehmer für den Bedarfs-Wettbewerb gedacht, aus dem letztlich die Phantom II als Sieger hervorging. Die Konstruktion wies eindeutig Ähnlichkeiten mit der F11F auf, war aber mit Antriebsaggregaten für ein größeres zweisitziges Flugzeug ausgestattet. Der Prototyp arbeitete mit zwei General Electric J79-GE-3, die mit eingeschaltetem Nachbrenner je 7076 kg Schub lieferten

und durch ein regelbares Raketentriebwerk mit 2268 kg Schub unterstützt wurden. Die Besatzung war in absprengbaren Rettungskapseln untergebracht, und die Maschine sollte Mach-2±Leistungen aufweisen. Zwei Prototypen wurden 1956 bestellt, der Auftrag aber später wieder aufgehoben.

Der Drang der Marine in das Überschall-Zeitalter entsprach den Bemühungen der Luftwaffe, deren erster wirklicher Überschall-Jäger die F-100 Super Sabre war. Ursprünglich enstand sie mit ihren 45° gepfeilten Tragflächen aus einer Überarbeitung der Sabre; entwickelte sich dann aber zu einem grundlegend anderen Flugzeug. Die F-100 war die erste Maschine der USAF aus der Jahrhundertserie der Überschall-Jäger. Ihr folgten Serienproduktionen wie die F-101 Voodoo, ein Abfangjäger und Aufklärer; die Convair F-102 Delta Dagger, ein mit Radar ausgerüsteter Allwetterjäger; die Lockheed F-104 Starfighter, ein Schönwetter-Abfangjäger; die Republic F-105 Thunderchief, ein Angriffsjäger und die Convair F-106 Delta Dart, eine anspruchsvolle Weiterentwicklung der F-102.

Die Lücken in dieser Reihenfolge füllen eine Serie bemerkenswerter Flugzeuge aus. Die Republic XF-103 wurde als Mach-3-Abfangjäger mit einem gemischten Antriebsaggregat geplant: Einem 10.025 kg Schub liefernden Wright YJ67-W–3 Turbojet und einem 16.965 kg Schub starken Wright XRJ55-W–1 Raketentriebwerk. Der erste Entwurf sah eine im Rumpf versenkte Pilotenkanzel mit einem Sehrohr vor, das dem Flugzeugführer ein ausreichendes Blickfeld garantieren sollte. Als Bewaffnung waren sechs GAR-1 Falcon Raketen auf Abschußlafetten vorgesehen, die in Seitenabteilen des Rumpfs eingefahren werden konnten, sowie 36 ungelenkte Raketen, die in späteren Baureihen durch zwei GAR-1 und zwei mit Nuklearsprengköpfen ausgestattete GAR-3 Falcon Raketen ersetzt werden sollten.

Die North American YF-107 hieß ursprünglich YF-100B. Sie war, wie ihre anfängliche Bezeichnung schon vermuten läßt, ein Abkömmling der Super Sabre. Vorgesehen für den Einsatz als Abfangjäger und Jagdbomber, wurden insgesamt drei Maschinen dieses Typs fertiggestellt. Die erste flog im September 1956. Dabei erwies sich der vordere Teil des Rumpfes als eine grundlegend überarbeitete Konstruktion. Seine spitze Raketennase machte es notwendig, die Luft für das Pratt & Whitney J75-P-9 Triebwerk, das mit Nachbrenner 11.115 kg Standschub lieferte, über einen großen Aufbau mit gabelförmigen Einlässen anzusaugen, der gleich hinter der Pilotenkanzel auf dem Rumpf

Unten: Mit der General Dynamics YF-16 gab die US-Luftwaffe die schweren Mach-2-Jäger auf, die sich in Vietnam nicht bewährt hatten. Stattdessen wählte sie kleinere, aber aerodynamisch ausgereiftere Typen mit etwas geringerer Leistung, dafür jedoch mit weitaus größerer Vielseitigkeit, Beweglichkeit und Zuverlässigkeit.

angebracht war. Während des Flugtestprogramms wurden Geschwindigkeiten von über 2,2 Mach erreicht. Die weitere Entwicklung des Projekts wurde aber aus finanziellen Gründen eingestellt.

Die North American YF-108 Rapier sollte ein zweisitziger Mach-3-Abfangjäger mit einer Raketenbewaffnung werden, dessen Besatzungsmitglieder hintereinander saßen. Dieses »Enten«-Design sollte von zwei General Electric J93-Turbojets angetrieben werden. Das Projekt wurde 1959 eingestellt.

F-109 hieß ein geplanter Abfangjäger, der aus dem Ryan X–13 Vertijet VTOL-Forschungsflugzeug entwickelt werden sollte. Die in den Haushaltsjahren 1959 und 1960 bestellten zwei Prototypen wurden aber wieder gestrichen. F-110 war die

Rechts: Die Northrop YF-17 war der unterlegene Mitbewerber der General Dynamics YF-16 beim Leichtgewichtsjäger-Wettbewerb der US-Luftwaffe. Er wurde dann aber von McDonnell Douglas und Northrop weiterentwickelt, vergrößert und verbessert. So entstand der Mehrzweckjäger und Jabo F/A–18 Hornet der US-Marine

XF

ROCKWELL/MBB X–31A

Die X–31A wurde als bemanntes Flugzeug für das Programm zur Erforschung und Erprobung extremer Flugmanöver entwickelt (EFH = Enhanced Fighter Maneuverability). Als Folge des politischen Druckes, die Zusammenarbeit zwischen den NATO-Mitgliedern auf dem Gebiet der Grundsatzforschung zu verbessern, war es das erste Flugzeug der X-Reihe, das in Zusammenarbeit mit einer europäischen Firma – dem deutschen Unternehmen Messerschmitt-Bölkow-Blohm Gruppe – entwickelt wurde.

Die in der Phase I durchgeführte Eignungsstudie kam zu dem Ergebnis, daß Jäger auch in Zukunft sicher mit engen Luftkämpfen rechnen müssen. Deshalb sollten künftige Jagdflugzeuge eine erhöhte Manövrierfähigkeit erhalten. Die X–31 wurde deshalb dafür ausgelegt, die normale Strömungsabriß-Grenze zu überwinden, und so über den bisherigen Anstellwinkeln, bei denen die Strömung abreißt, manövrierfähig zu bleiben. In der Phase II des Programms, für die eine Projektgruppe der Forschungsabteilung im US-Verteidigungsministerium zusammen mit dem deutschen Verteidigungsministerium verantwortlich zeichnete, wurde im September 1986 mit der Entwicklung begonnen. Rockwell ist dabei für die gesamte strukturelle und aerodynamische Ausführung; MBB für die elektronischen Steuerungssysteme und die Vektorschubdüsen zuständig. Die X–31A soll die Verbindung verschiedener Technologien für extreme Flugmanöver untersuchen. Dabei sollen Vektorschub und integrierte Steuerungssysteme eine schnelle Zielauffassung, ununterbrochene Manövrierfähigkeit bei Geschwindigkeiten weit unter den bisher üblichen Strömungsabrißgeschwindigkeiten und eine genaue Ausrichtung des Rumpfes den Angriff auf Ziele in allen Geschwindigkeitsbereichen zwischen Langsam- und Überschallflug ermöglichen.

In die Konstruktion flossen viele Ideen aus früheren Versuchen beider Firmen ein, wie die ferngelenkte HIMAT und der Entwurf des Jäger 90. Das Programm umfaßt den Bau von zwei Testflugzeugen. Charakteristisch sind ein langer Rumpf, der durch eine eingeschlossene Pilotenkanzel mit gutem Blickfeld vervollständigt wird; seitlich angebrachte Luftansaugschächte und ein hinten eingebautes Triebwerk mit Schaufeln in der Abgasdüse, über das sich die Schubrichtung ändern läßt. Die Tragflächen sind etwa auf halber Länge des Rumpfes angebracht und stellen eine zusammengesetzte Spielart des komplizierten Delta-Grundrisses dar. Die anderen Leitflächen befinden sich an den Rumpf-

enden, vorne die Entenflügel und hinten das Seitenleitwerk. Eine digitale elektronische Steuerung (Fly-by-Wire) kontrolliert die Steuerflächen sowie die Vektorschubdüsen. Das ehrgeizige Versuchsprogramm liefert wichtige Erkenntnisse für den Bau der nächsten Generation von Kampfflugzeugen.

BAUBESCHREIBUNG

Rockwell/ MBB X-31A

Funktion: Versuchsflugzeug für extreme Flugzustände
Besatzung: 1 Mann
Elektronische Ausstattung: Funk- und Navigationsgeräte
Triebwerk: Ein Mantelstromtriebwerk General Electric F404-GE-400 mit 4808 kg Standschub; kein Nachbrenner
Leistung: Höchstgeschwindigkeit 961 km/h oder Mach 0,9 in einer Höhe von 10.670 m
Gewicht: Leergewicht 4632 kg; maximales Startgewicht 6335 kg
Abmessungen: Spannweite 7,26 m; Länge mit Bugsonde 13,21 m; Höhe 4,44 m; Tragflächenfläche 21,02 qm; Entenflügelfläche 2,19 qm

Links: Eine Grumman-Grafik der späten 70er Jahre macht deutlich, wie sich die damaligen Konstrukteure um »Niedrigpreis«-Flugzeuge mit vorderen Entenflügeln anstatt eines Leitwerks und zusätzlichen Lenkstrahldüsen bemühten, um Flugleistung und Wendigkeit zu verbessern.

ursprüngliche USAF-Bezeichnung für eine landgestützte Version des Marinejägers Phantom II. Sie wurde schließlich als F-4 in Dienst gestellt, nachdem im Oktober 1962 die unterschiedlichen Bezeichnungsverfahren der US Streitkräfte zu einem System standardisiert worden waren. Das letzte Flugzeug der ursprünglichen F-Serie wurde das taktische Kampfflugzeug F-111 von General Dynamics.

Anfangs wurden die meisten Bezeichnungen der neuen F-Serie für schon vorhandene Flugzeugtypen reserviert. Das erste neue Flugzeugzeug in dieser Reihe war die Northrop F-5 Freedom Fighter, ein leichtes Jagdflugzeug, das hauptsächlich für den Export an befreundete Nationen innerhalb des militärischen Hilfsprogramms gedacht war. Der erste völlig neue Typ für die US-Streitkräfte war die Lockheed YF-12A. Sie bahnte den Weg für die fast schon legendäre SR-71A Blackbird, einem strategischen Aufklärer, der 1989 aus dem Einsatzbetrieb der USAF ausschied. Das ganze Programm ist aber immer noch von Geheimnissen und Gerüchten umgeben. Das Programm hatte seinen Ursprung in der A-11, die in Lockheeds »Skunk Fabrik« gebaut wurde. Sie flog erstmals im April 1962 als Vorreiter einer ganzen Familie von Jagdflugzeugen und Aufklärern, die Geschwindigkeiten von über 3 Mach in großen Höhen erreichten. Der Typ besaß eine moderne aerodynamische Form mit einer ineinander übergehenden Rumpf/Tragflächenkonstruktion, die hauptsächlich aus Titanlegierungen bestand und mit einem besonders hitzebeständigen Lack überzogen war, der dieser Maschine auch zu ihrem Spitznamen verhalf. Das Antriebsaggregat umfaßte zwei Pratt & Whitney J58 (JT11D-20B) Turbo-Staustrahl-Triebwerke, die mit Nachbrennern je 14.740 kg Standschub erzeugten. Bei hohen Geschwindigkeiten erzeugen diese Triebwerkstypen

Kanonen Pulverdampfauslaß
Vorderkantenklappen
Staudruckmesser
Mit Graphit behandelte Außenhaut
Fahrwerkstore
AIM-9L Sidewinder Luft-Luft-Rakete
Luftbremsen oben und unten
GENERAL DYNAMICS
F-16XL
AF 75 749
82 Prozent mehr Brennstoff innerhalb der Zelle (Rumpf und Tragfläche) als bei der F-16C
Bremsfallschirm (wahlweise Loral Rapport ECM)

F-16XL

General Dynamics F-16XL
Der sich schlängelnde pfeilförmige Grundriß der Tragfläche war für den ursprünglichen F-16 Jäger vorgesehen, wurde dann aber aus mehreren Gründen nicht übernommen. Diese Flächenform war aber so vielversprechend, daß General Dynamics später bei seinem F-16XL Demonstrationsflugzeug darauf zurückgriff. Der Rumpf wurde zur Aufnahme des breiteren Holms der Tragfläche gestreckt und die Brennstoffaufnahmekapazität um 82 Prozent erhöht, wodurch das Flugzeug die doppelte Waffenmenge tragen konnte, wozu 17 Kontaktpunkte benötigt wurden. Die F-16XL bewies in der Luft ihre extreme Beweglichkeit und bessere Leistungen als die Grundversion der F-16. Zudem war sie äußerst zuverlässig.

nicht nur Schub aus den Abgasdüsen, sondern unterstützen den Antrieb auch durch den Sog an den Lufteinlaßschächten.

Die Jäger-Version des Grundmodells war die experimentelle YF-12A, von der mindestens vier Maschinen mit dem alten, kurzen Rumpf der A–11 gebaut wurden. Ausgerüstet waren sie mit einem Hughes Doppler-Feuerleitsystem und vier AIM-47 Luft-Luft-Raketen, die in den vorderen Rumpfabteilungen untergebracht waren, die ursprünglich für die Aufklärungssensoren benutzt wurden. Die Leistungsfähigkeit der YF-12A wird durch die erzielten Geschwindigkeitsrekorde im Geradeausflug und auf einem Rundkurs, sowie ihren Höhenflug-Weltrekord untermauert. Die YF-12A war nie im operativen Einsatz, leistete aber wertvolle Dienste in mehreren Bewertungsprogrammen.

Die einzige weitere Bezeichnung aus der neuen F-Serie, die öffentlich bekannt wurde, war die XF-17 oder Northrop Modell P600. Dieser leichte Jäger trat in dem Leichtgewichts-Jäger-Wettbewerb (LWF) von 1974 gegen die YF-16 (General Dynamics Modell 401) an. Die XF-17 verlor den Wettbewerb, der zur Bestellung der F-16 Fighting Falcon führte. Der LWF-Wettbewerb entstand aus den Erfahrungen des Vietnam-Kriegs. Dort hatten die amerikanischen Mach-2-Jäger gegen leichtere und manövrierfähigere Jagdflugzeuge oft das Nachsehen, da sie für andere Gefechtsbedingungen gebaut worden waren. Bei den neuen Jägern wurde mehr Wert auf größere Zuverlässigkeit (und damit verringerte Wartungsarbeiten) und überlegener taktischer Anpassungsfähigkeit bei gedrosselten Spitzenleistungen gelegt. Es waren kleinere aber wendigere Flugzeuge, welche die moderne Aerodynamik, Bauweise, Elektronik sowie ein Fly-by-Wire Steuerungssystem nutzten.

Wenngleich die YF–17 den Wettbewerb verlor, diente sie als Grundlage für die McDonnell Douglas/Northrop F/A–18A Hornet, dem derzeit bedeutensten Mehrzweckflugzeug (Allwetterjäger und Erdkampfflugzeug) im Inventar der US-Marine und des US-Marinekorps.

Links: Ein anderes Konzept von Grumman aus den späten 70er Jahren war ein Jäger, der optimal für einen spritsparenden Reiseflug mit Überschallgeschwindigkeit ausgelegt war. Dafür sorgte eine Mischung aus moderner Aerodynamik, Entenflügel und Lenkstrahldüsen an den Flächenwurzeln.

Oben: So sah ein Künstler der frühen 80er Jahre die angekündigte General Dynamics F-16XL.

SOWJETISCHE JÄGER

Die Sowjets holten die Vorsprünge der Amerikaner bei der Entwicklung moderner Jagdflugzeuge immer wieder ein oder überholten sie sogar. Die Lawotschkin-, MiG-, Suchoj- und Yakowlew-Konstruktionsabteilungen beherrschten diesen Bereich. Die Sowjets hatten ebenso wie die Amerikaner schon vor Beendigung des Zweiten Weltkrieges mit der Entwicklung strahlgetriebener Jagdflugzeuge begonnen, waren dann aber bereit, einige Interimstypen einzusetzen, bis sie die von den Deutschen erbeuteten Forschungsunterlagen auswerten konnten. Zusätzlich hielten die Sowjets – wie die Amerikaner – viele deutsche Aerodynamiker, Ingenieure, Triebwerkkonstrukteure und Spezialisten artverwandter Fachbereiche gefangen. Die deutschen Einflüsse wurden schon bald bei einer Anzahl sowjetischer Flugzeugtypen und Strahltriebwerke sichtbar.

Lawotschkin hatte während des Zweiten Weltkriegs eine der drei wichtigsten Konstruktionsabteilungen für Jagdflugzeuge mit Kolbenmotoren betrieben, schien aber die unterschiedlichen Anforderungen bei strahlgetriebenen Jägern nie voll in den Griff zu bekommen. Der Ausgangspunkt der Bemühungen war bei Lawotschkin ebenso wie bei den MiG- und Suchoj-Konstruktionsabteilungen das Junkers Jumo 004B Axialluft-Turbinenluft-Strahltriebwerk (=Turbojet), ein deutscher Typ, den die Sowjets in Kasan unter der Bezeichnung RD-10 weiterentwickelten. Der im Februar 1945 von den Sowjets herausgegebene Planungsauftrag für ein strahlgetriebenes Jagdflugzeug schrieb ein einzelnes RD-10 Triebwerk mit 900 kg Standschub vor. Die begrenzte Schubkraft dieses Triebwerks verlangte von den Planern äußerste Geschicklichkeit, um das Flugzeuggewicht niedrig zu halten und die Turbine optimal installieren zu können. Der Lösungsvorschlag der Lawotschkin-Entwicklungsgruppe sah eine verhältnismäßig kleine Maschine mit einem dickbauchigen Rumpf und einem hinteren Ausleger vor, der einen wirkungsvollen durchgehenden Triebwerkseinbau mit einem runden Luftansaugschacht an der Flugzeugnase und einer Abgasdüse unter dem Ausleger erlaubte. Insgesamt wurden ab Ende 1946 fünf Prototypen zur Erprobung gebaut. Sie waren aber mit so vielen Problemen wie zu hohem Gewicht und trägen Flugleistungen behaftet, daß das Programm 1947 eingestellt wurde.

Unten: Zu Beginn des Turbojet-Zeitalters gaben sich die Konstrukteure große Mühe, den Schubkraftverlust zu verringern, der sich aus dem Abstoßen der Triebwerksabgase durch ein langes Strahlrohr am Rumpfende ergab. Das Problem wurde in mehreren sowjetischen Jäger-Prototypen durch eine dickbauchige Rumpfkonstruktion mit Ausleger gelöst, bei der das Triebwerk, das im unteren vorderen Rumpfabschnitt untergebracht war, die Abgase unter der Pilotenkanzel ausstieß. Ein Beispiel dafür ist die Lawotschkin La-156 mit geraden Tragflächen.

Links: Als die Flugzeugkonstrukteure die Pfeilflügel-Aerodynamik richtig anzuwenden begannen, bauten die Triebwerksingenieure Turbojets mit höheren Dauerleistungen. Das ermöglichte die Entwicklung einstrahliger Typen wie der Lawotschkin La-168, die tatsächlich der Prototyp für die La-15 war. Dieses ausgezeichnete Jagdflugzeug ging jedoch nicht in Serie, da die Fertigung der Mikojan-Gurewitsch MiG-15 bereits beschlossene Sache war.

Dieselben baulichen und aerodynamischen Merkmale wurden für die nachfolgenden La-152 und La-154 in verbesserter Form angewandt. Die La-154 war eine La-152-Version mit veränderten Tragflächen. Sie flog im Oktober 1946 und ebnete den Weg für die La-156, die im Grunde genommen eine La-154 mit einem RD-10F Triebwerk mit Nachbrenner war, das 1100 kg Standschub lieferte. Dieser Typ flog erstmals im September 1947. Obwohl er eine wesentliche Verbesserung im Vergleich zu den vorausgegangenen Jäger Prototypen darstellte, konnte er mit den jetzt aufkommenden Maschinen mit gepfeilten Tragflächen nicht mithalten. Die letzte Konstruktion dieser Serie mit geraden Tragflächen war die La-174TK. Sie flog zum erstenmal im Januar 1948 als Testflugzeug zur Erprobung sehr dünner gerader Tragflächen als Alternative zu gepfeilten Tragflächen. Damit sollten Druckwellenprobleme gelöst werden.

Das erste sowjetische Flugzeug mit gepfeilten Tragflächen war die La-160, im wesentlichen eine La-154/La-156 mit verlängertem Rumpf und 35° nach hinten gepfeilten Tragflächen. Der erste von mehreren Prototypen flog im Juli 1947 und erbrachte weitaus bessere Flugleistungen als die Lawotschkin-Typen mit geraden Tragflächen. Es folgte aber keine Serienproduktion, da man mittlerweile erkannt hatte, daß sowohl die Form des dickbauchigen Rumpfs mit dem Ausleger als auch das RD-10-Triebwerk veraltet waren. Daraufhin entwarf die Konstruktionsabteilung die La-168 mit einem herkömmlichen Rumpf, die von einem 2268 kg Standschub liefernden Rolls-Royce Nene I Radialtriebwerk angetrieben wurde. Das Triebwerk lag im hinteren Teil des Rumpfs, wo es seine Abgase durch ein kurzes Strahlrohr ausstoßen konnte. Die benötigte Luft wurde durch einen kreisrunden Ansaugschacht an der Flugzeugnase angesaugt und gabelförmig um die Druckkabine des Piloten herumgeleitet. Die Tragflächen besaßen eine Pfeilung von 37°20′. Das gewählte T-Leitwerk erlaubte, die Höhenflosse weiter nach hinten zu verlagern, als dies sonst möglich war. Es half damit die Stabilität um die Längsachse zu vergrößern. Das Flugtestprogramm begann im April 1948 und brachte sofort die Bestätigung, daß die La-168 ein Jagdflugzeug-Prototyp mit beachtlichen Leistungen und Möglichkeiten war. Da man aber bereits den Auftrag zur Serienproduktion der MiG-15 erteilt hatte, wurde für die La-168 kein Fertigungsauftrag mehr herausgegeben.

Lawotschkin verkleinerte dann den Typ

Unten: Die Lawotschkin La-174TK war im wesentlichen eine La-156 mit einer dünneren Tragfläche. Tatsächlich hatte sie damals mit sechs Prozent das geringste Verhältnis zwischen Tragflächenstärke und Spannweite überhaupt. Es führte zu einem beträchtlichen Leistungsvorteil gegenüber der La-156. Die La-174TK diente jedoch nur zu Forschungszwecken und war nie als Serienflugzeug vorgesehen.

und baute die La-174D, die auf den kleineren Rolls-Royce Derwent-Turbojet zugeschnitten war. Dieser Prototyp flog zum erstenmal im August 1948 und beeindruckte durch so gute Flugleistungen, daß 500 La-15 Jagdflugzeuge mit der sowjetischen Version des Derwent-Triebwerks, der RD-500 mit 1600 kg Standschub, in Auftrag gegeben wurden. Der Typ war bei der Truppe beliebt und erfolgreich. Die La-15 erbrachte in etwa die gleichen Leistungen wie der britische Jäger Gloster Meteor, der mit zwei Derwent-Triebwerken 100 Prozent mehr Schubkraft besaß; oder der Hawker Hunter, der aufgrund eines einzelnen moderneren Turbojets ebenfalls die doppelte Antriebskraft aufweisen konnte.

Das Tempo, mit dem während der Ost-West-Spannungen nach 1945 Fortschritte im Flugzeugbau erzielt wurden, war irre. Dies belegte auch die La-176 auf ihrem ersten Flug im September 1948. Sie war eine Spielart der La-168 mit 45° gepfeilter Tragfläche (die erste auf der Welt) und mehreren anderen aerodynamischen Verfeinerungen sowie einem DR-45-Turbojet als Antriebsaggregat, der 2270 kg Standschub lieferte. Die La-176 erreichte im Horizontalflug schallnahe Geschwindigkeiten und im leichten Sturzflug 1000 km/h, unterlag aber der MiG 17 bei der Vergabe eines Produktionsauftrags.

Im Oktober erteilten die Sowjets den Planungsauftrag für ein Jagdflugzeug mit Leistungen im schallnahen Bereich. Die Lawotschkin- Konstruktionsabteilung reagierte darauf mit dem La-190-Prototyp. Er war ein vollkommen neuer Entwurf mit einer eindeutig verbesserten Planung gegenüber den vorausgegangenen Lawotschkin-Jagdmaschinen. Typische Merkmale waren die um 55° gepfeilten Tragflächen und die Delta-Höhenflosse,

Oben: Eine andere Methode, das Strahlrohr möglichst kurz zu halten, war der Einsatz eines großen, stark nach hinten gepfeilten Seitenleitwerks mit einer hoch angesetzten Höhenflosse, die weit genug zurücklag, um eine ausreichende Hebelwirkung zu gewährleisten. Die ungewöhnliche Vorderansicht der Lawotschkin La-200B ergab sich aus der Anordnung der Luftansaugschächte. Einer saß unter und zwei seitlich hinter der Flugzeugnase, um die Suchantenne in der Radarnase frei halten zu können.

Links: Die Mikojan-Gurewitsch I-320 war der Prototyp für ein geplantes Allwetter-Jagdflugzeug. Der Einbau eines schweren Radarsuchgerätes führte zwangsläufig zu den ungewöhnlichen unteren Rumpfkonturen dieses Typs. Aufgrund ihres Gewichts und des Luftwiderstands der Radareinrichtung benötigte das Modell unbedingt zwei Triebwerke, um ausreichende Flugleistungen zu erreichen. Bei diesem Typ wurde ein Triebwerk unter dem Rumpf montiert, das seine Abgase unter der Innenseite der Tragflächenwurzeln ausstieß. Das andere saß im Leitwerk und stieß seine Abgase auf herkömmliche Weise aus. Die I–320 blieb ein Prototyp.

Oben und nächste Seite: Die ausgezeichnete Mikojan-Gurewitsch MiG-21 erreichte die Produktionsreife erst nach einem ausgedehnten Prototypen-Programm, in dem Versuchsflüge mit gepfeilten und deltaförmigen Tragflächen durchgeführt wurden. Die letzteren wurden schließlich übernommen.

die etwa drei fünftel auf dem Weg hoch zu dem breiten Profil der Seitenflosse angebracht war. Der Antrieb erfolgte durch ein wichtiges neues Turbojet-Triebwerk mit 5000 kg Standschub, der Ljulka AL-5, das wirklich schallnahe Geschwindigkeiten ermöglichte. Obwohl das Flugzeug ursprünglich als Tagjäger geplant worden war, wurde der Prototyp in einer bedingt allwettertauglichen Version mit einer am oberen Teil des Luftansaugschachts angebrachten Radarnase fertiggestellt. Die Flugversuche begannen Anfang 1951. Die Flugleistungen dieses Typs waren zwar allgemein befriedigend, doch führten einzelne Probleme und die Unzuverlässigkeit des Triebwerks zur Einstellung des gesamten Programms zugunsten der MiG-19.

Im Januar 1948 erfuhr die Konstruktionsabteilung Einzelheiten über die Ausschreibung eines Allwetter-Abfangjägers, und reagierte wieder mit einem reinen »Schreibtisch«-Entwurf, der die Bezeichnung La-200 erhielt. Der Antrieb dieser Maschine erfolgte durch zwei Klimow VK-1-Turbojets mit je 2270 kg Schub; einer Weiterentwicklung der RD-45-Turbine. Sie wurden hintereinander eingebaut. Das vordere Triebwerk stieß seine Abgase über ein S-förmiges Strahlrohr unter der Rumpfmitte aus und die hintere Turbine durch eine Düse am Rumpfende. Das Ansaugen der Luft erfolgte durch einen ringförmig um die Radarantennennase gebauten Einlaßschacht. Die Tragflächen wiesen eine 40° Pfeilung nach hinten auf, und die beiden Besatzungsmitglieder waren nebeneinander unter einem großen Kabinendach untergebracht. Der erste Prototyp flog im Februar 1950 und war seinen westlichen Zeitgenossen in jeder Hinsicht weit überlegen. Die Reichweite betrug 2000 km, aber im November 1950 wurde eine Reichweite von 3500 km sowie ein weiter reichendes Zielauffassungsradar gefordert. Daraufhin wurde die Konstruktion als La-200B mit einer erweiterten Treibstoff-Aufnahmekapazität und einer größeren Antenne für das stärkere Radargerät umgebaut. Das führte zu einer Umgestaltung der Flugzeugnase, in der die größere Radarantenne untergebracht werden mußte. Das vordere Triebwerk saugte nun die Luft durch einen Einlaß unter der Radarnase an, während der hintere Turbojet seine Luft aus zwei Einlässen bezog, die seitlich hinter dem Radardom wie zwei »Elefantenohren« hervorstanden. Die La-200B flog erstmals im Juli 1952. Während sich die Reichweite deutlich vergrößert hatte, fielen die anderen

Leistungen ab. Das Schicksal der La-200B wurde letztlich mit Erteilung des Produktionsauftrags für die Yak-25 besiegelt.

Der letzte Entwurf der Konstruktionsabteilung war wieder ein Jägertyp, der seiner Zeit weit voraus war. Er wurde als Lösungsvorschlag einer Planungsausschreibung vom Januar 1954 für einen Überschall-Abfangjäger entwickelt, der weite Entfernungen in großen Höhen zurücklegen und zudem Ziele in niedrigeren Höhen mit Raketen angreifen sollte. Die La-250 war ein massiger Typ mit einem beträchtlichen Treibstoffaufnahmevermögen, zwei 6500 kg Schub liefernden Ljulka AL-7 Turbojets in langen seitlichen Einrichtungen und 57° gepfeilte Flächen, die einen Deltaflügel und eine Delta-Höhenflosse umfaßten. Der erste Prototyp stürzte auf seinem Jungfernflug im Juli 1956 ab. Die Untersuchung offenbarte eine heftige, sich aufschaukelnde Gierbewegung beim Rollen, die durch die Kombination des langen, schweren Rumpfs mit den kleinen Tragflächen hervogerufen wurde. Gewaltige Anstrengungen unternahm man bei der Entwicklung eines neuen elektronischen Steuerungssystems, und der erste erfolgreiche Flug wurde im Frühjahr 1957 verzeichnet. Das Testflugprogramm war mit einer Anzahl von Unfällen und Triebwerksproblemen behaftet, und das ganze Projekt wurde 1960 kurz vor dem Tod Semjon Lawotschkins eingestellt.

Die MiG-Konstruktionsabteilung hatte während des Zweiten Weltkrieges keine nennenswerten Erfolge beim Bau von Jagdflugzeugen mit Kolbenmotoren verbuchen können, witterte aber mit der Einführung des Turbojet-Antriebs Morgenluft. Die erste strahlgetriebene Maschine der Abteilung war der I-300-Prototyp, eine Konstruktion mit dickbauchigem Rumpf und Ausleger. Sie war der erste sowjetische Düsenjäger. Der Erstflug erfolgte im April 1946. Die beiden erbeuteten deutschen BMW–003A-Triebwerke mit je 800 kg Standschub (später bauten sie die Sowjets unter der Bezeichnung RD-20 nach) waren im dickbauchigen Rumpf untergebracht. Sie bezogen ihre Luft durch einen gabelförmig geteilten Ansaugschacht an der Flugzeugnase und stießen ihre Abgase in Höhe der Rumpfmitte unter den Tragflächenhinterkanten aus. Der Typ wurde im Mai 1947 bei der Truppe als MiG-9 eingeführt, und war zusammen mit der Yak-15 der erste einsatzfähige Düsenjäger der UDSSR. Mehrere Entwicklungsmodelle wurden gebaut, die auf der MiG-9 Konstruktion beruhten. Die Abteilung machte dann weiter mit dem I-310 Prototyp für die MiG-15 Serie; dem I-330 Prototyp für die MiG-17 Serie; sowie dem einstrahligen I-350 und dem zweistrahligen I-360 Prototypen. Aus dem I-360 entstand der erste Überschalljäger der UDSSR, die MiG-19. Die MiG-19 wurde in verschiedenen Abarten gebaut und auch für Versuche genutzt.

Mitten in den Arbeiten für einen einsitzigen Schönwetter-Jäger hatte die Abteilung noch genügend Kapazität für die Entwicklung eines Allwetterjägers, der exakt die im Januar 1948 von der Luftwaffe aufgestellten Anforderungen an ein Allwetterjagdflugzeug mit Radar erfüllte. Dieser I-320 Prototyp flog 1950. Aerodynamisch beruhte er auf der MiG-15, wenngleich sein Rumpf breit genug für zwei nebeneinander angeordnete Schleudersitze war, und das Antriebsaggregat aus zwei hintereinander liegenden RD-45F Turbojets mit je 2270 kg Standschub bestand. Diese bezogen ihre Luft durch einen gabelförmig geteilten Ansaugschacht, der sich unter der kleinen Radarnase befand. Das vordere Triebwerk stieß seine Abgase unter der Tragflächenhinterkante, die hintere Turbine am Rumpfende aus, was eindeutig von der MiG-15 Konstruktion stammte. Die I-320 wurde später mit den

2700 kg Standschub liefernden Klimow VK-1 Turbojets ausgerüstet. Obwohl sie der La-200 klar überlegen war, wurde eine Serienproduktion nicht ernsthaft erwogen.

Die sowjetischen Behörden stellten 1953 eine Forderung für einen Mach-2-Schönwetter-Abfangjäger auf, der sich auch begrenzt als Jagdbomber eignete. Zu dieser Zeit hatte das Zentrale Institut für Aerodynamik und Hydrodynamik der UDSSR zwei grundlegende Flugzeug-Konfigurationen für das geforderte Leistungsniveau erarbeitet. Beide beruhten auf einem zylinderförmigen Rumpf mit einem voll beweglichen, gepfeilten Höhenleitwerk und einer Tragfläche, die in einer tiefen Mitteldecker-Stellung angebracht

Diese Ausstellung von Mikojan-Gurewitsch-Jagdflugzeugen in einem sowjetischen Luftfahrtmuseum wirft ein bezeichnendes Licht auf die Entwicklungsgeschichte moderner Jäger. Von rechts nach links: MiG-17, MiG-19, MiG-21 und MiG-23.

war. Der Unterschied zwischen den Konfigurationen lag bei den Tragflächen selbst. Eine war ein herkömmlicher Typ mit einer Pfeilung zwischen 58° und 62° an der Flächenvorderkante; die andere war ein Deltaflügel mit einer Vorderkantenpfeilung von 57° bis 58°. Die MiG-Konstruktionsabteilung baute Prototypen in beiden Konfigurationen. Die ursprüngliche Ye-50

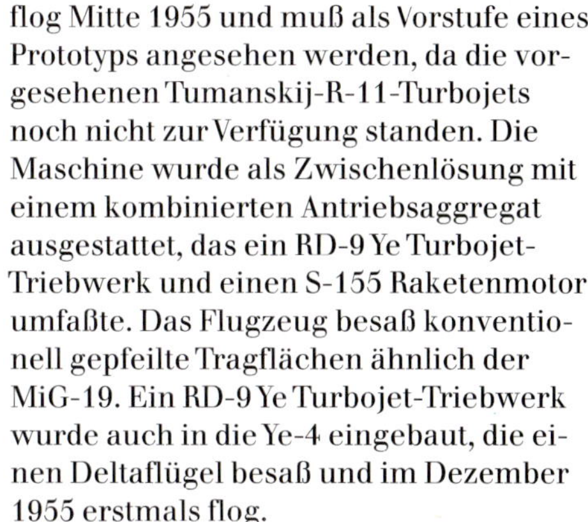

flog Mitte 1955 und muß als Vorstufe eines Prototyps angesehen werden, da die vorgesehenen Tumanskij-R-11-Turbojets noch nicht zur Verfügung standen. Die Maschine wurde als Zwischenlösung mit einem kombinierten Antriebsaggregat ausgestattet, das ein RD-9 Ye Turbojet-Triebwerk und einen S-155 Raketenmotor umfaßte. Das Flugzeug besaß konventionell gepfeilte Tragflächen ähnlich der MiG-19. Ein RD-9 Ye Turbojet-Triebwerk wurde auch in die Ye-4 eingebaut, die einen Deltaflügel besaß und im Dezember 1955 erstmals flog.

Die endgültigen Prototypen mit R-11-Triebwerken waren die Ye-2A mit Pfeilflügeln und die Ye-5 mit Deltaflügeln. Sie flogen im Mai und Juni 1956, und waren bald in vergleichende Testprogramme verwickelt, die aufzeigten, daß die Delta-Konfiguration leichte leistungsmäßige und operationelle Vorteile besaß. Die Ye-5 diente daher als Grundlage für den Ye-6 Prototyp, der zur Beilegung der verschiedenartigen Antriebs- und Steuerungsprobleme eingesetzt wurde, die das Programm verfolgten. 1958 wurde dann die Serienproduktion des MiG-21 Jägers genehmigt. Das MiG-21 Programm setzte eine Reihe von Entwicklungen mit verschiedenen Prototypen in Gang. Es gab mehrere Prototypen für experimentelle Zwecke und Rekordversuche, wie die Ye-33 Version des MiG-21U Schulflugzeugs für Steigflug- und Höhenflugrekorde von Frauen; die Ye-66 Version der MiG-21F für Geschwindigkeitsrekorde; die Ye-66A mit einer Rakete in einem Rumpfbehälter zum Erreichen eines Höhenrekords; die Ye-66B mit Zwillingsraketen; die Ye-76 Version der MiG-21PF für weibliche Rekordpiloten; die Ye-8 mit einem angetriebenen Entenvorflügel zur Beurteilung einer solchen Vorrichtung bei dem vorgesehenen Jagdbomber MiG-21Sht; die MiG-21DPD mit zwei Hubtriebwerken in Rumpfabteilungen im Flugzeugschwerpunkt oder die A–144 mit maßstabsgetreu verkleinerten Tragflächen, wie sie für das Tupolew Tu-144 Überschall-Passagierflugzeug vorgesehen waren.

Die Ye-150 Familie von Hochgeschwindigkeits-Forschungsflugzeugen beruhte auf derselben grundlegenden Aerodynamik. Es kamen neue Baustoffe wie rostfreier Stahl und Titan für den Bau der Flugzeugzelle hinzu, um der großen Hitzeentwicklung bei Geschwindigkeiten über 2400 km/h widerstehen zu können. Der letzte Vertreter dieser Prototypreihe war die Ye-166, die zur Untersuchung der strukturellen und aerodynamischen Anforderungen bei Flügen mit Geschwindigkeiten über 3000 km/h eingesetzt wurde.

Während der ganzen Zeit, in der die MiG- Konstruktionsabteilung an der Entwicklung der MiG-21 arbeitete, war sie auch an dem Bau großer Flugzeug-Raketen beteiligt. Zusätzlich hatte sie noch genügend Kapazität frei, um eine weitere Flugzeugserie zu entwerfen: die I-3 Serie. Diese Jagdbomber-Prototypen besaßen ungefähr das doppelte Leergewicht wie die MiG-21 Varianten und wurden von Klimov VK-3 Turbojets mit 8400 kg Standschub angetrieben. Der erste Prototyp dieser Serie war die I-1 (sonst als I-370 bekannt) mit 60° gepfeilten Tragflächen, die zum erstenmal im November 1956 flog. Aus diesem Typ gingen weitere Konstruktionen hervor, die zusammengefaßt zu dem I-3U (I-380) Jagdbomber und dem mit Radar ausgerüsteten I-3P Abfangjäger (mit einer unbekannten alternativen Bezeichnung aus der I-380 Serie) führten. Beide unterlagen der Su-22 beziehungsweise der Su-9. Die Weiterverfolgung dieses grunsätzlichen Konzepts brachte als Ergebnis die I-7K, die von einem 9300 kg Schub liefernden Ljulka AL-7F Triebwerk angetrieben wurde. Sie flog erstmals im Januar 1959 und erbrachte den Leistungsnachweis für Flüge mit Geschwindigkeiten von 2350 km/h. Die Weiterentwick-

Unten und rechts: Die MiG-23 wurde als Nochfolgemuster der Mig-21 mit größerer Reichweite entwickelt. Noch wichtiger war die Fähigkeit der MiG-23, von kürzeren Startbahnen operieren zu können. Die endgültige MiG-23 mit ihren gepfeilten Tragflächen entstand aus dem Ye-231 Prototyp, der Schwenkflügel besaß. Es gab auch

Pläne zum Bau eines Abkömmlings des Ye-230-Prototyps mit Deltaflügeln und zwei Hubtriebwerken im Flugzeugschwerpunkt.

lung über die I-7D, I-7P und I-7U Prototypen führte zum I-75F Allwetter-Abfangjäger, der jedoch nicht in die Fertigung kam.

Die Sowjets verlangten von ihren taktischen Kampfflugzeugen, die in vielen Sonderrollen eingesetzt werden, immer noch die Fähigkeit, in großen Höhen operieren zu können. Gleichzeitig wuchs aber die Besorgnis über die immer höheren Anforderungen an die Startbahnlängen und das schlechte Zuladungs/Reichweiten-Leistungsverhältnis der Hochgeschwindigkeitsflugzeuge in der herkömmlichen Konfiguration. Die MiG-Konstruktionsabteilung plante gerade die MiG-23 als Nachfolgemuster der MiG-21. Der Faktor, der den Planern die größte Sorge bereitete, war die für das neue Flugzeug notwendige Startbahnlänge. Die beiden Ansätze für eine Abhilfe lagen im senkrechten Auftrieb und bei Tragflächen mit variabler Geometrie.

Der erste Versuch mit dem senkrechten Auftrieb, der eine grundsätzliche Bestätigung dieses Konzepts bringen sollte, wurde mit der MiG-21DPD gestartet, dann aber mit dem Ye-230 Protyp auf eine höhere Stufe gestellt. Dieser wurde parallel zu dem Ye-231 Prototyp gebaut, um eine größtmögliche Gemeinsamkeit für jeden weiteren Prototyp zu gewährleisten, der aus dem Doppelprojekt entstehen würde. Die Ye-230 erhielt gestutzte Deltaflügel und wurde von einem Ljulka AL-7F-1 Turbojet mit Nachbrenner angetrieben. Sie besaß dasselbe Auftriebsaggregat wie die MiG-21DPD, nämlich zwei Turbojets (wahrscheinlich Koliesow-Triebwerke), die im Schwerpunkt des Flugzeugs eingebaut waren und Luft von oben über eine nach hinten klappbare, schräggestellte Rückenklappe ansaugten. Die Abgase wurden durch jalousienartig angeordnete schräge Luftschlitze auf der Rumpfunterseite nach unten ausgestoßen. Der Winkel konnte vom Flugzeugführer verstellt werden, um beim Übergang zum Horizontalflug eine Vorwärtskomponente zu erhalten.

Der Ye-231 Prototyp mit variabler Geometrie war fast baugleich mit der Ye-230, nur besaß er anstelle der Hubtriebwerke Schwenkflügel, die den Flügeln der General Dynamics F-111 – dem ersten einsatzbereiten Kampfflugzeug mit variabler Geometrie – sehr ähnelten. Vergleichende Versuche offenbarten die Überlegenheit der variablen Geometrie-Konfiguration. Damit wurde die Ye-231 zum Vorläufer der MiG-23, die später mit einer modifizierten Nase und einer einfacheren Triebwerksanordnung zum MiG-27 Jagdbomber weiterentwickelt wurde.

Die scheinbar von dem North American XB–70 Valkyrie Mach-3-Bomber ausgehende Bedrohung wurde von den Sowjets so ernst genommen, daß die MiG-Konstruktionsabteilung 1958 den Auftrag zum Bau eines Abfangjägers erhielt, der es mit dem amerikanischen Bomber aufnehmen konnte. Die Abteilung wurde angewiesen, alle Flugleistungsaspekte außer Geschwindigkeit, Steigrate und Dienstgipfelhöhe bei dem Flugzeug zu vernachlässigen. Es sollte schnellstmöglich und ausschließlich mit schon vorhandenen Technologien entwickelt werden, um Verzögerungen durch die Entwicklung neuer Technologien zu verhindern, die nötig gewesen wären, um den Vorsprung der USA aufzuholen. Der Abfangjäger sollte 1964 fliegen – einem Zeitpunkt, zu dem die Indienststellung der B-70 angekündigt war. Die Abteilung wählte als Hauptmaterial für die Flugzeugzelle eine Nickel-Stahl-Legierung und für die Vorderkanten der Tragflächen eine Titan-Legierung. Der Ye-266 Prototyp flog erstmals 1964. Seine Zellenbauweise war eng verwandt mit dem North American A–5 Vigilante Marine-Angriffbomber. Typisch waren ihr langer Rumpf (der hauptsächlich zur Aufnahme des Antriebaggregats mit zwei Tumanskij R-11 Turbojets mit Nachbrennern und voll variablen Triebwerksansaug- und Abgasdüsen diente); die hochgesetzten Tragflächen mit breiter Spannweite und einer maßvollen 40° Pfeilung, die sich auswärts auf 38° verringerte; vollbewegliche Höhenflossenhälften und nach außen geneigte Seitenleitwerke. Das Ergebnis dieses Programms war der MiG-25 Abfangjäger. Obwohl die Amerikaner das B-70 Programm 1963 gestrichen hatten, wurde die MiG-25 voll weiterentwikkelt und in Dienst gestellt.

Das einzige andere, völlig neue Jagdflugzeug, das bisher von der MiG-Konstruktionsabteilung gebaut wurde, war die MiG-29, deren Prototypen mit Sicherheit im Westen unbekannt geblieben sind.

Die Suchoi-Konstruktionsabteilung schien während des Zweiten Weltkrieges eher die Brautjungfer als die Braut gewesen sein. Obwohl sie einige brauchbare Typen entwickelte, wurde keiner davon für eine große Serienproduktion angenommen. Diese Tendenz setzte sich sich auch in den ersten Jahren unmittelbar nach dem Zweiten Weltkrieg fort. Das erste strahlgetriebene Flugzeug der Abteilung war der Su-9 Jagdbomber-Prototyp. Dieser ähnelte in seiner gesamten Bau-

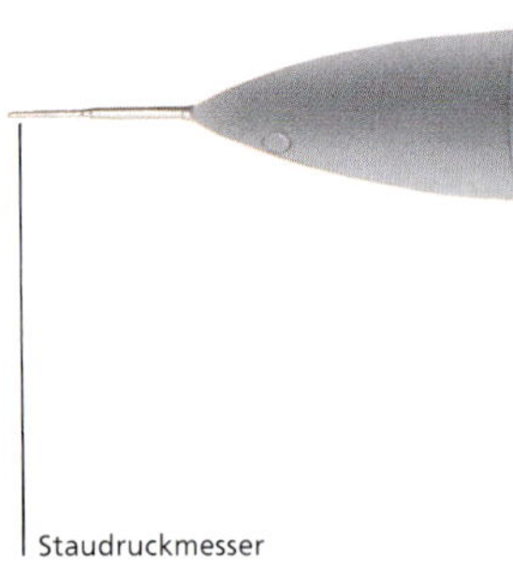

Mikojan-Gurewitsch MiG-29 NATO-Bezeichnung: »Fulcrum« Unter den sowjetischen (GUS) taktischen Flugzeugen und den Jägern der Bundesluftwaffe ist die MiG-29 eine der wichtigsten Kampfmaschinen. Der Jäger weist mit seinem breiten Rumpf und der Ausdehnung der Flügelvorderkanten an den Tragflächenwurzeln deutliche Kennzeichen amerikanischer Maschinen auf, die in der Technik der »verschmolzenen« Aerodynamik führend waren. Trotz seines manuellen (anstatt elektronischen) Steuerungssystems ist diese MiG ein außerordentlich manövrierfähiges Jagdflugzeug. Vor der Windschutzscheibe befindet sich ein Infrarot-Such- und Verfolgungsgerät, das dem Piloten eine Zielauffassung auf große Entfernungen selbst dann ermöglicht, wenn sein Hauptradar ausgefallen oder elektronisch gestört ist.

MiG-29 »FULCRUM«

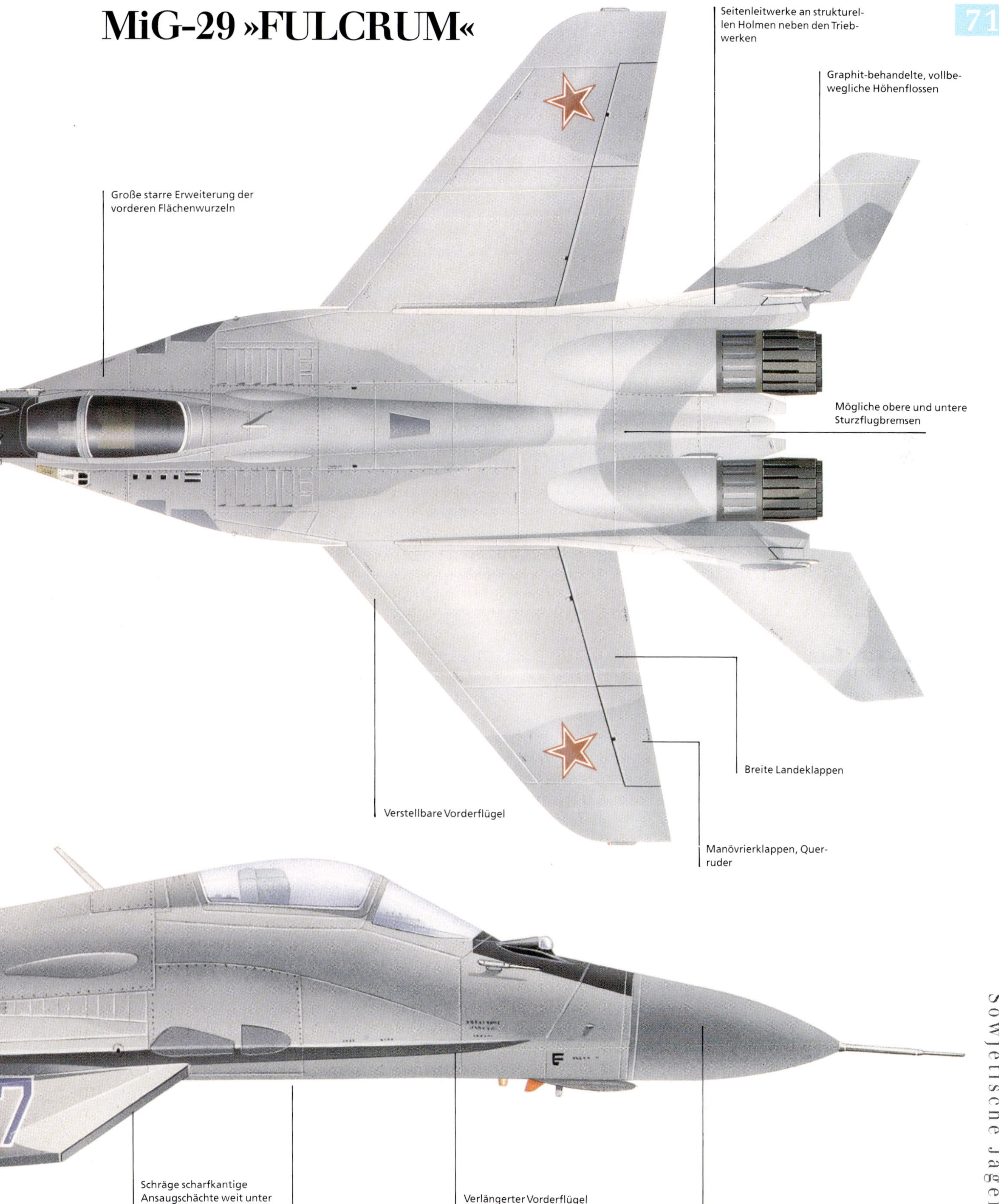

weise sehr der Messerschmitt Me 262. Allerdings besaß er einen eher ovalen als dreikantigen Rumpf entlang der Längsachse und wurde von zwei RD-10 Triebwerken angetrieben, die 900 kg Standschub lieferten. Die Entwicklung begann 1944, und der erste Prototyp flog im Sommer 1946. Seine Leistungen und Flugeigenschaften beeindruckten die Sowjets so, daß der Typ zur Serienproduktion vorgeschlagen wurde. Zum Leidwesen der Konstruktionsabteilung war aber keine Produktionskapazität vorhanden.

Die nachfolgende Su-11 ähnelte ihrer Vorgängerin sehr; allerdings wurde sie von zwei Ljulka TR-1 Turbojets mit je 1300 kg Schubkraft angetrieben, und besaß etwas größere Tragflächen sowie eine Druckkabine. Die ersten Flugversuche begannen im Oktober 1947. Wegen der angeborenen Probleme mit den TR-1 Triebwerken kam keine Serienfertigung in Frage. Die weitere Entwicklung der ursprünglichen Konstruktion führte zur Su-13, die eine leicht gepfeilte Höhenflosse und RD-500 Triebwerke mit 1590 kg Standschub einbrachte. Schon bald war klar, daß diese Konstruktion keine nennenswerten Vorteile gegenüber der Su-11 bot. Deshalb wurde nicht einmal der Prototyp fertiggestellt.

Im Januar 1948 gab die sowjetische Luftwaffe eine Forderung für ein Allwetter-Jagdflugzeug bekannt. Unter den eingereichten Entwürfen befand sich ein Suchoj-Projekt, das als Flugzeug-P-Prototyp mit 35° gepfeilten Tragflächen und einer Tandemanordnung der Triebwerke – wie sie die Mitbewerber La-200 und I-320 aufwiesen – entwickelt wurden. Suchoj brachte im Januar 1948 als erste Konstruktionsabteilung diesen Prototyp in die Luft. Er zeigte gleichermaßen gute Leistungen wie große Mängel. Als das Flugzeug wegen eines durch Vibrationen hervorgerufenen Materialbruchs abstürzte, wurde das Programm des geplanten Su-15 Serienmodells aufgegeben.

Der nächste Entwurf der Konstruktionsabteilung war der Flugzeug-R-Prototyp des geplanten Überschalljägers Su-17. Im November 1949 löste Stalin die Abteilung jedoch auf, und der Weiterbau des fast fertigen Prototyps wurde eingestellt. Suchoj und die meisten seiner Mitarbeiter wurden in die Tupolew-Konstruktionsabteilung versetzt. Dort arbeiteten sie an der Entwicklung aerodynamischer und struktureller Formen weiter, die für einen Überschalljäger notwendig waren. Stalin starb 1953 und Suchoj durfte wieder eine selbständige Abteilung aufstellen. Dadurch ergab sich eine neue Reihenfolge bei den numerischen Bezeichnungen, die zu erheblichen Verwirrungen bei der Identifizierung von Suchoj-Modellen führte. Als erstes Arbeitsergebnis stellte die wiedergegründete Abteilung eine Reihe von Prototypen der S- und T-Serien mit gepfeilten, bezeihungsweise deltaförmigen Tragflächen vor. Sie entsprachen den Ye-2 und Ye-5 Prototypen der MiG-Konstruktionsabteilung mit 58° bis 62° gepfeilten Tragflächen, beziehungsweise 57° bis 58° gepfeilten Deltaflächen – Konfigurationen, die von dem zentralen Institut für Aerodynamik und Hydrodynamik ausgearbeitet worden waren.

Die S-1 war ein aerodynamisch einwandfreier Typ mit 62° gepfeilten Tragflächen in der Mitteldeckeranordnung und einem 6500 kg Standschub liefernden Ljulka AL-7 Turbostrahltriebwerk, das die Luft durch einen runden Schacht an der Flugzeugnase ansaugte. Dieser war mit einem konischen Mittelstück ausgestattet. Es konnte sich hin- und herbewegen, um den Überschall-Luftstrom am Einlaß zu

Unten: Die Suchoj Su-15 sollte dieselben Anforderungen an ein Allwetter-Jagdflugzeug erfüllen wie die Lawotschkin La-200 und die Mikojan-Gurewitsch I-320. Sie besaß zwei Turbojet-Triebwerke. Eines leitete die Abgase unter der Innenseite der Tragflächenwurzeln ab, das andere am Rumpfende.

Oben und rechts: Die Suchoj Su-25 ist ein Unterschall-Jagdbomber. Ihre gesamte Bauweise wurde zweifellos von der Northrop YA–9 beeinflußt; dem Prototyp, der im Wettbewerb der US-Luftwaffe für ein Panzerbekämpfungs- und Unterstützungs-Flugzeug gegen die Fairchild Republic YA–10 unterlag.

regulieren und war die erste Konstruktion dieser Art in einem sowjetischen Flugzeug. Das Modell ähnelte der I-380 von MiG sehr stark in der gesamten Formgebung. Es flog erstmals Ende 1955. Trotz einer sehr geringen Reichweite, die von dem hohen Treibstoffverbrauch herrührte, bewies die S-1 hervorragende Flugleistungen und Steuerungseigenschaften. Das Produktionsergebnis dieses Prototyps war der Su-7 Jagdbomber.

Parallel zu der S-1 wurde die T–3 mit Deltaflügeln und Leitwerk entwickelt; eine Konfiguration, welche der Abteilung als Abfangjäger geeigneter erschien als die gepfeilte Version, der man bessere Leistungen als Jagdbomber zutraute. Sehr große Mühe bereitete die Auswahl des bestgeeignetsten Luftansaugschachts für den Überschallbereich. Nicht weniger als zwölf Varianten wurden entwickelt und in verschiedenen Prototypen im Flug erprobt. Die T–3 startete Anfang 1956 zum Jungfernflug, und vergleichende Erprobungen mit der S-1 bestätigten die von der MiG-Abteilung mit den Ye-2 und Ye-5 Prototypen gemachten Erfahrungen. Die Delta-Konfiguration mit Leitwerk bot Leistungsvorteile bei Flügen in großer Höhe; während die gepfeilte Version sowohl leistungs- als handhabungsmäßig in niedrigeren Höhen überlegen war. Verschiedene andere Prototypen wie die PT–9 bestätigten das ausgewählte Ansaugschacht-System in der Praxis und bahnten den Weg für die Su-9 und Su-11 Abfangjäger.

Die Abteilung begeisterte sich auch für die möglichen Vorteile von seitlich angeordneten Luftansaugschächten: Die Konstrukteure konnten beim Prototyp T–49

Su-25 »FROGFOOT«

Die Su-25, in der NATO Frogfoot genannt, ist das modernste sowjetische Erdkampfflugzeug. Die Bauweise dieses Typs wurde deutlich von der Northrop YA–9 beeinflußt, dem unterlegenen Mitbewerber beim Wettbewerb der US-Luftwaffe für ein Panzerbekämpfungs- und Erdkampfflugzeug. Sie besitzt selbst mit einer schweren Waffenzuladung eine erstaunliche Manövrierfähigkeit und Wendigkeit im Tiefflug. Hohe Geschwindigkeiten sind für diese Aufgaben nicht so wichtig. Die Su-25 ist ein reines Unterschallflugzeug.

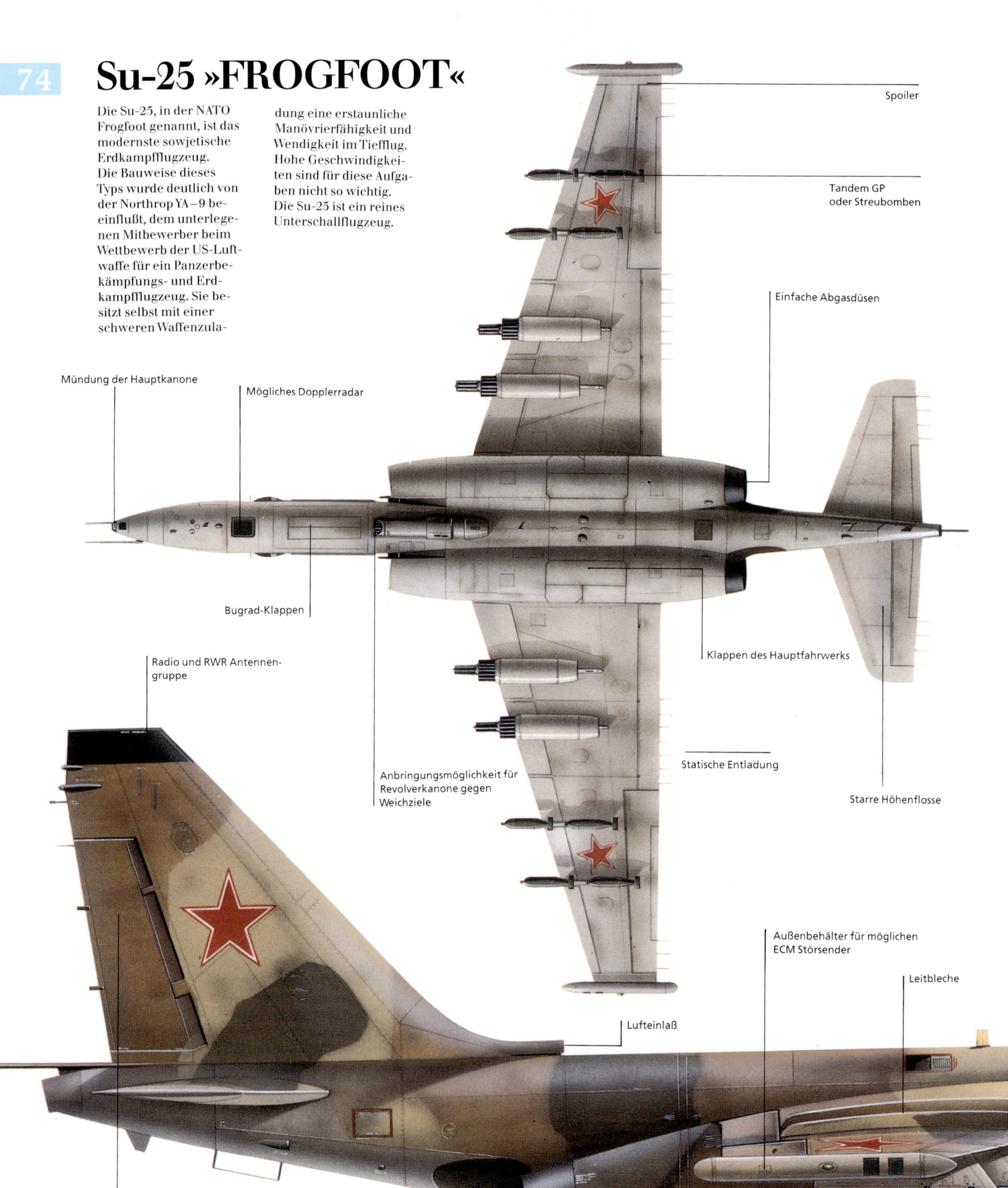

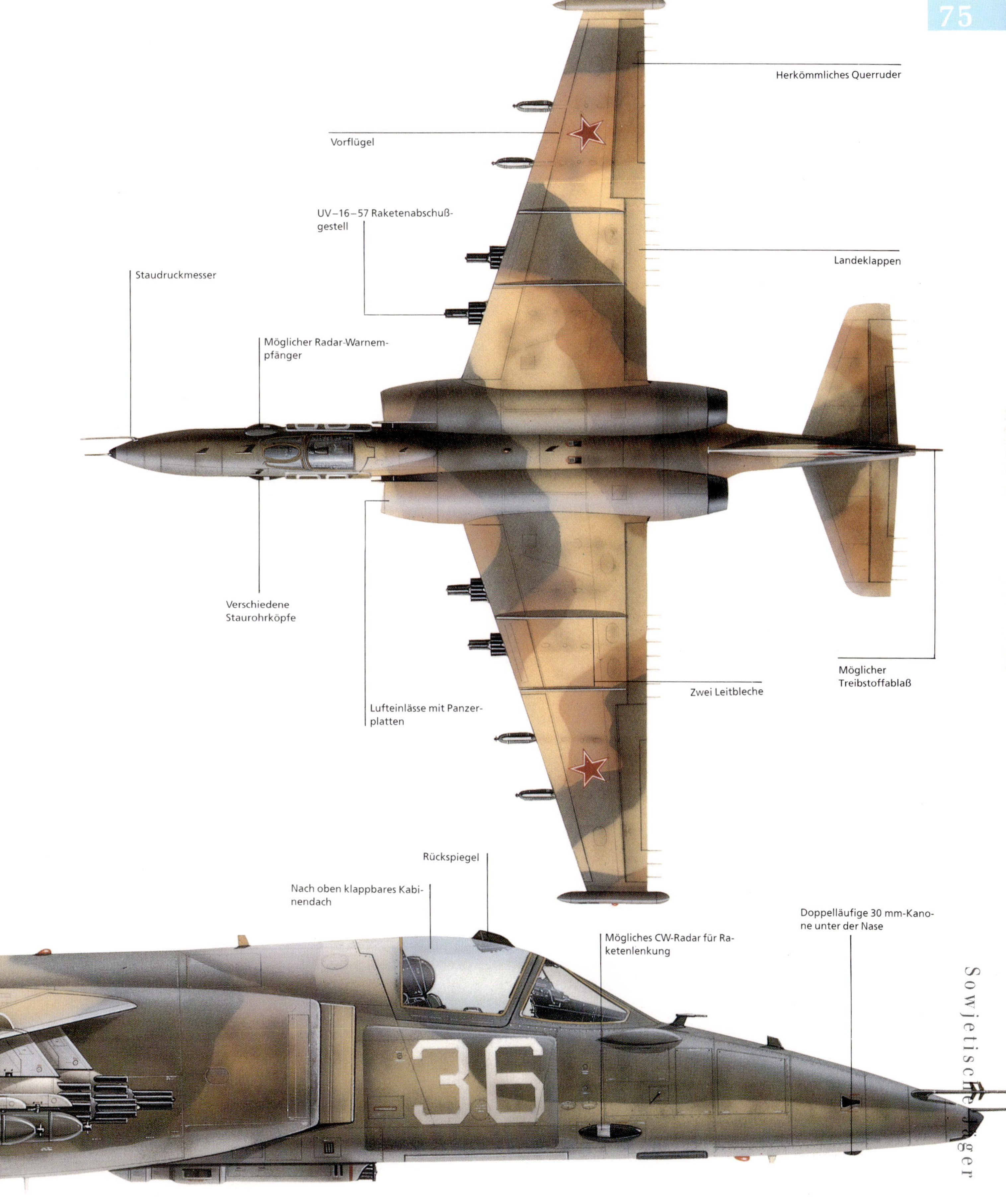
Herkömmliches Querruder
Vorflügel
UV–16–57 Raketenabschuß-
gestell
Landeklappen
Staudruckmesser
Möglicher Radar-Warnem-
pfänger
Verschiedene
Staurohrköpfe
Möglicher
Treibstoffablaß
Zwei Leitbleche
Lufteinlässe mit Panzer-
platten
Rückspiegel
Nach oben klappbares Kabi-
nendach
Doppelläufige 30 mm-Kano-
ne unter der Nase
Mögliches CW-Radar für Ra-
ketenlenkung
36

den Bug für ein Radarsuchgerät frei lassen. Die weitere Entwicklung führte zu dem P-1 Prototyp eines Jagdflugzeuges für die sogenannte Kollisionskurs-Abfangjagd, welche die sowjetische Jagdwaffe bevorzugte. Sie glaubte nun mal an eine feste Führung ihrer Abfangjäger. Die P-1 flog 1957, kam aber aus unbekannten Gründen nicht über das Prototypen-Stadium hinaus. Etwa zu gleicher Zeit arbeitete die Abteilung an ihrem T–37 Prototyp, der dieselben Forderungen erfüllte wie die Ye-266. Die T–37 flog 1960, war aber nur als Forschungsflugzeug vorgesehen.

Charakteristische Kennzeichen der T–37 zeigte auch die Su-15 als nächstes Suchoi-Jagdflugzeug. Sie sollte den Planungsauftrag für einen 2,5-Mach-Jäger erfüllen, der ein entdecktes Ziel automatisch verfolgte. Später entwickelte man die Su-15 zur Su-21 weiter, die zu Beginn der 90er Jahre noch immer eine wichtige Stütze der sowjetischen Luftstreitkräfte darstellte.

Mit ihrem Su-15/21 Programm entschied sich der Suchoj-Stab dafür, nicht der MiG-Abteilung nachzueifern und eine variable Geometrie für diesen Jäger in Betracht zu ziehen, sondern lieber diesen Typ auf den Einsatz von den vielen in der UDSSR vorhandenen langen Startbahnen abzustimmen. Die Suchoj-Konstrukteure ließen jedoch die möglichen Vorteile der variablen Geometrie nicht außer Acht, die im Kampfeinsatz erzielt werden könnten. Sie entschieden sich dafür, diese Grundform für eine Weiterentwicklung des klassischen Su-7 Jagdbombers in Erwägung zu ziehen, dessen schlechtes Zuladungs/Reichweiten-Leistungsverhältnis vielleicht durch eine begrenzte Anwendung der variablen Geometrie verändert werden konnte. Es bestand kein Zweifel, daß die Einrichtung eines voll variablen Schwenkflügels eine strukturelle Überarbeitung des Rumpfes ebenso wie der Tragfläche erfordern würde, und somit unzweckmäßig war. Die Abteilung entschloß sich daher zu einer teilvariablen Geometrie, bei der nur die äußeren Teile der Tragflächen geschwenkt werden. Diese Anordnung wurde am S-221 Prototyp erprobt, der nun Su-7IG hieß. Die Änderung verbesserte das Zuladungs/Reichweiten-Verhältnis enorm. Das Flugzeug wurde unter den unterschiedlichsten Bezeichnungen wie Su-17, Su-20 und Su-22 gebaut, die von Modell und Triebwerk abhingen.

Suchoj fertigte auch den Jagdbomber

Oben: Die Rumpfform der Yakowlew Yak-19 deutet darauf hin, daß dieser Typ von einem Turbojet mit radialem Verdichter angetrieben wurde. Es gibt jedoch Beweise, daß es sich um ein Axial-Triebwerk handelte. Der Typ wurde nicht mehr für die Fertigung vorgesehen, da sein Triebwerk, das auf einer deutschen Turbine aus dem Zweiten Weltkrieg beruhte, 1947 hoffnungslos veraltet war.

Rechts: Die Yakowlew Yak-30 sollten den 1946 aufgestellten Pflichtenkatalog eines Abfangjägers erfüllen. Sie sollte von Feldflugplätzen aus operieren können und hohe Unterschallgeschwindigkeiten erreichen. Der Prototyp bewies eine gute Steuerungsfähigkeit und ein ausreichendes Leistungsvermögen, wurde aber gegenüber der MiG-15 als leicht unterlegen eingeschätzt.

Su-25 und den Jäger Su-27, aber bis heute sind nur wenige Einzelheiten über die Entwicklung der Prototypen dieser wichtigen taktischen Kampfflugzeuge der UDSSR veröffentlicht worden.

Die vierte Organisation, die sich am Bau von Jagdflugzeugen beteiligte, war das Yakowlew-Konstruktionsbüro, das auch für das erste strahlgetriebene Flugzeug der UDSSR verantwortlich zeichnete. Es handelte sich um die Yak-15, eine mehr oder weniger geradlinige Weiterentwicklung des mit einem Kolbentriebwerk angetriebenen Yak-3 Jägers. Sie besaß einen dickbauchigen Rumpf mit Ausleger. Im unteren, vorderen Bereich saß das 900 kg Standschub lieferndes RD-10 Triebwerk – die sowjetische Version des deutschen Junkers Jumo 004B. Der erste Prototyp war im Oktober 1945 fertiggestellt worden, aber der erste Flug wurde bis April 1946 hinausgezögert: durch das Werfen von Münzen war entschieden worden, daß der MiG-Prototyp zuerst fliegen sollte. Es folgte die Fertigung von ungefähr 280 Einsatzmaschinen, die den Weg zum Düsenantrieb bei den sowjetischen Streitkräften ebnen halfen. Die Yak-17 war im wesentlichen eine verbesserte Yak-15 mit einigen Neuheiten wie dem dreirädrigen Fahrwerk mit Bug- anstatt Heckrad. Der Prototyp flog Anfang 1947, und es wurden insgesamt 470 Maschinen dieses Typs gebaut.

Die erste Konstruktion der Abteilung, die von Anfang an mit einem Strahltriebwerk geplant wurde, war die Yak-19; zugleich die erste Yakowlew-Maschine in Schalenbauweise. Das Baumuster wurde ganz auf das 1100 kg Standschub erzeugende RD-10F Triebwerk mit Nachbrenner zugeschnitten, das geradlinig von dem Ansaugschacht an der Flugzeugnase bis zur Abgasdüse am Heck im Rumpf lag. Der Prototyp flog erstmals Anfang 1947, wurde aber nicht einmal für offizielle Testversuche angeboten, da die Konstruktionsabteilung das überaltete Gesamtkonzept des Jägers richtig einschätzte.

Größere Hoffnungen setzte man auf die Yak-23, deren Bauweise wieder auf das unter dem Rumpf aufgehängte Turbojet-Triebwerk zurückgriff, in diesem Fall ein 1590 kg Standschub lieferndes RD-500, das vom britischen Turbostrahltriebwerk Rolls-Royce Derwent V abstammte. Zelle und Aerodynamik blieben konventionell, und der erste Prototyp flog im Juni 1947. Yakowlew erhielt einen großen Produktionsauftrag. Nachdem sich aber herausstellte, daß die modernere MiG-15 insgesamt bessere Flugleistungen bot, wurden nur 310 Flugzeuge fertiggestellt.

Die Yak-25 entstand aus der Yak-19. Sie

Unten: Nach ausgiebigen Versuchen mit den Yak-36 Prototypen wurde die Yakowlew Yak-38 als STOVL-Kampfflugzeug (STOVL= Eine Mischung aus Kurz- und Senkrechtstarter) entwickelt. Sie besaß zwei vorne eingebaute Hubtriebwerke und einen rückwärts angebrachten Turbojet mit einer Vektorschubdüse. Die Yak-38 war das erste Träger-Flugzeug der sowjetischen Marine mit starren Tragflächen.

Rechts oben: Obwohl die Nummerierung der MiG-31 über der MiG-29 liegt und eine modernere Konstruktion erwarten läßt, ist sie tatsächlich nur eine verbesserte Version der MiG-25. Die MiG–25 war ursprünglich als Abfangjäger zur Bekämpfung der geplanten North American B-70 Valkyrie, eines strategischen Mach-3-Bombers entwickelt worden. Obwohl die Amerikaner das Bomberprojekt einstellten, ging die MiG-25 als Jäger und Aufklärer in die Serienproduktion. Die MiG-31 Version erbringt geringere Flugleistungen, verfügt aber über ein Radar-Feuerleitsystem und Waffen zur Bekämpfung von Zielen, die unter ihr fliegen.

besaß neben anderen Modifizierungen ein RD-500 Triebwerk und ein gepfeiltes Leitwerk. Der Prototyp flog erstmals im Oktober 1947 und erwies sich trotz seiner geraden Tragflächen als außerordentlich leistungsstark und manövrierfähig. Da jedoch die MiG-15 bereits in großen Stückzahlen Anzahl bestellt worden war, hatte die Truppe keine Verwendung für die Yak-25 hatte, so gut sie auch war. Die Grundform der Yak-25 wurde daraufhin überarbeitet und mit 35° gepfeilten Flächen versehen. Dieser Yak-30 Prototyp flog zum erstenmal im September 1948, kam aber erneut nicht gegen die MiG-15 an und der Produktionsauftrag blieb aus. In einem fast verzweifelten Versuch, die MiG-15 doch noch zu besiegen, überarbeitete die Yakowlew-Konstruktionsabteilung den gesamten Entwurf. Sie baute die YaK-50 mit einem 2700 kg Standschub liefernden Klimow VK-1 Turbojet, 45° gepfeilten Tragflächen, einem Tandem-Hauptfahrwerk unter dem Rumpf sowie zwei Stützrädern unter den Tragflächenspitzen. Der Prototyp flog im Juli 1949 und bewies überragende Leistungen in Bezug auf Geschwindigkeit und Steigrate sowie eine außerordentliche Manövrierfähigkeit. Aber wieder erwies sich die industrielle Festlegung auf die MiG-15 als ausschlaggebend, und für die Yakowlew tat sich keine Produktionslücke auf.

Als nächstes entwickelte die Abteilung ein Überschall-Jagdflugzeug, den Yak-1000 Prototyp, als ausgesprochenen Abfangjäger. Sie benutzte wieder dieselbe Konstruktion von Hauptfahrwerk und Stützrädern, und brachte den Piloten auf einem nach hinten geneigten Schleudersitz unter, um die Stirnfläche zu verkleinern. Der Rumpf wurde um das 5000 kg Standschub erzeugende Ljulka AL-5 Axial-Turbojet-Triebwerk maßgeschneidert, das geradlinig eingebaut wurde. Die stark gepfeilten Tragflächen umfaßten einen in der Mitte angebrachten gestutzten Deltaflügel und ein Leitwerk, dessen Höhenflosse sich auf zwei Drittel der Höhe des Seitenleitwerks befand. Die Yak-1000 rollte 1950 auf das Flugfeld, ist aber mit größter Wahrscheinlichkeit nie geflogen. Sie wies angeblich eine hochgradige Instabilität auf und man stellte das Programm ein.

Dem Yakowlew-Büro glückte dann mit der Yak-25 endlich die richtige Mischung der Faktoren. Als Antwort auf die im November 1951 aufgestellte Forderung nach einem Allwetter-Jagdflugzeug, die auch zum Bau der La-200 und I-320 führte, entwarf Jakowlew eine vergrößerte Version

Rechts unten: Die MiG-29 war der modernste Jäger der UDSSR. Obwohl sie das mechanische Steuerungssystem der vorangegangenen Jägergeneration beibehielt, bezeugen die flüssige Linienführung und die moderne Aerodynamik einen erheblichen Forschungs- und Entwicklungsaufwand in Windkanälen und mit Prototypen.

der Yak-50, bei der das im Rumpf liegende Turbojet-Triebwerk durch zwei je 2200 kg Standschub liefernde Axial-Turbostrahltriebwerke ausgewechselt wurde. Sie saßen in Triebwerksgondeln unter den Tragflächen, um die Flugzeugnase für das geforderte große Radarsuchgerät freizuhalten. Der Prototyp hatte 45° gepfeilte Tragflächen und flog erstmals im Jahre 1953. Die Testversuche verliefen sehr erfolgreich, und ein Produktionsprogramm führte bis Ende der sechziger Jahre zu verschiedenen Einsatzmodellen mit den Bezeichnungen Yak-25, Yak-26 und Yak-27 (alle mit gepfeilten Tragflächen), sowie zur Yak-25RD, einem Aufklärer mit geraden Tragflächen für sehr große Flughöhen. Die Weiterentwicklung derselben grundsätzlichen Konstruktion mit stark verbesserten aerodynamischen und strukturellen Details führte zur überschallschnellen YaK-28, die in mehreren Versionen als taktischer Nuklearbomber, Abfangjäger und elektronisch bestückter Begleitjäger gebaut wurde.

Im Jahr 1962 beauftragte man die Yakowlew-Abteilung mit der Entwicklung des ersten sowjetischen Senkrechtstarters. Anfangs zog man eine gemischte Anordnung von Hubtriebwerken und einer Strahlschubturbine in Betracht. Schließlich entschloß man sich aber, zwei Turmanskij-Turbojets mit Vektorschubdüsen im Flugzeugschwerpunkt einzubauen, die je nach Bedarf Auftrieb oder Vorwärtsschub liefern sollten. Die für die neue Yak-36 entworfene Zelle war notgedrungen sehr breit, da sie die Seite an Seite liegenden Triebwerke aufnehmen mußte. Die mittlerweile üblich gewordene Anordnung des Hauptfahrwerks unter der Rumpfmitte mit Stützrädern an den Flügelspitzen wurde in die völlig herkömmliche Konstruktion übernommen, die ausschließlich für hohe Unterschallgeschwindigkeiten ausgelegt war. Anders als bei dem britischen Hawker P.1127-Prototyp, der vier Richtungsschubdüsen besaß, die von einem Mantelstromtriebwerk gespeist wurden, war die sowjetische Anordnung von nur zwei Vektorschubdüsen, die je den Schub ihres eigenen Triebwerk lenkten, potentiell gefährlich, da der Ausfall irgendeines Triebwerks im Auftriebmodus eine unkontrollierbare Rollbewegung bewirkt hätte. Die Steuerung des Schwebezustandes erfolgte durch Lenkstrahldüsen in den Flügelspitzenbehältern sowie Heck- und Bugsonden. Das Modell flog erstmals Mitte der 60er Jahre, und Versuche mit mindestens zwölf Prototypen bahnten den Weg für den Marine-Senkrechtstarter Yak-38. Es verfügte über ein gemischtes Antriebsaggregat aus einem Strahlschub-Turbojet mit Vektordüse im hinteren Rumpf und zwei Auftrieb-Turbojets im vorderen Rumpf.

Weitere Informationen über sowjetische Jäger Prototypen fehlen fast ganz, aber sicher wird eine neue Generation früher oder später die MiG-29 und Su-27 ablösen. In der Geschichte der sowjetischen Jägerentwicklung ist der stetige Fortschritt bemerkenswert, mit dem die UDSSR den technischen Rückstand ihrer Jagdflugzeuge im Vergleich zu »westlichen« Jägern abbaute. Zur Zeit der Indienststellung der MiG-29 und Su-27 Mitte der 80er Jahre war der technische Vorsprung des Westens nahezu eingeholt.

Unten: Die Suchoj Su-27 bildet zusammen mit der MiG-29 die Hauptstütze der sowjetischen Jagdwaffe. Sie ist eine größere Maschine als die MiG-29. Neben moderner Aerodynamik und fortschrittlichen Strukturen besitzt sie zusätzlich die Vorzüge eines elektronischen »Fly-by-Wire« Steuerungssystems.

JAGDFLUGZEUGE ANDERER NATIONEN

Oben: Die Hawker P.1040 war eine von mehreren britischen Jagdflugzeug-Entwicklungen, die nicht über den Prototyp-Status hinauskamen.

GROSSBRITANNIEN

Einige europäische Länder und in geringerem Umfang auch Kanada waren die einzigen Staaten außer der UDSSR und den USA, die bis 1980 moderne strahlgetriebene Jäger-Prototypen bauten. Die ersten zehn Jahre nach dem Zweiten Weltkrieg sind in Großbritannien zu Recht als Jahre der verpaßten Möglichkeiten beschrieben worden. England galt unter den Alliierten als führender Verfechter des Strahlantriebs. Außerdem hatten die Engländer als einzige Nation unter den drei Hauptalliierten einen einsatzfähigen Düsenjäger bei der Truppe in Dienst gestellt. Es handelte sich um die Gloster Meteor, die nach dem Krieg weiterentwickelt und schon bald durch die leichtere, aber wendigere de Havilland Vampire ergänzt wurde. Die Entwicklungsmöglichkeiten für die Zukunft wurden dann durch die moralische Erschöpfung des Landes vergeudet, die in Verbindung mit den finanziellen Schwierigkeiten ein politisches Klima schufen, in dem weitblickende Projekte auf begrenzte Forschungsziele beschnitten und sehr oft eingestellt wurden.

Ein typisches Beispiel dafür ist der Miles-M.52 Überschalljäger. Der genaue Bauplan war bereits 1943 entworfen worden. Der geplante Abfangjäger sollter eine Geschwindigkeit von 1609 km/h in einer Flughöhe von 10.975 m erreichen. Ein kühnes Unterfangen, das die schallnahe Geschwindigkeitsstufe praktisch übersprang, und damit die Royal Air Force aus der Unterschall-Periode in das Überschall-Zeitalter katapultiert hätte. Die M.52 hatte einen zylinderförmigen Rumpf, in dessen vorderer Öffnung die Pilotenkanzel als Hauptteil saß und so einen ringförmigen Luftansaugschacht schuf. Die Planung sah vor, die Pilotenkabine im Notfall vom Rumpf abzusprengen, damit der Pilot anschließend sicher mit dem Fallschirm abspringen konnte. Das Power-Jets (Whittle) W.2/700 Turbostrahltriebwerk lag im Rumpfmittelteil und erzeugte 907 kg Standschub, der später durch ein zusätzliches Heckgebläse (es wandelte das Triebwerk erfolgreich in ein Mantelstromtriebwerk um) und Einspritzdüsen im hinteren Teil der Turbine (sie machten das Triebwerk zu einem wirksamen Nachbrennertyp) erhöht wurde. Eine sehr dünne und gerade Tragfläche mit einem bikonvexen Profil sollte in mittlerer Rumpfhöhe angebracht werden. Vorgesehen war auch eine vollbewegliche Höhenflosse. Der Bau der ersten drei Prototypen stand unmittelbar bevor, als das ganze Projekt im Februar 1946 eingestellt werden mußte. Die britische Regierung hatte entschieden, daß es sicherer und wirtschaftlicher sei, sich an den Überschallflug mit Versuchen im Windkanal anstatt mit bemannten Flügen heranzutasten.

Auch Gloster beschäftigte sich mit der Entwicklung moderner strahlgetriebener Jagdflugzeuge, aber seine beiden nächsten Flugzeuge mißlangen. Die G.42 (häufiger als E.1/44 nach ihrem Bauplan benannt) war ein kleiner Jäger, der von einem Rolls-Royce Nene-Turbojet angetrieben wurde, welcher die Luft durch seitliche Ansaugschächte aufnahm. Die G.42 flog erstmals 1947, erhielt aber keinen

Oben: Die Hawker P.1052 war eine Weiterentwicklung der P.1040 mit leicht gepfeilten Tragflächen. Auch sie schaffte es nicht bis zur Serienfertigung.

Produktionsauftrag. Die CXP-1001 war das Ergebnis eines nationalchinesischen Auftrags. Sie hatte gerade das Modellstadium in natürlicher Größe erreicht, als die Auftraggeber 1949 den Chinesischen Bürgerkrieg verloren und das Projekt fallen ließen. Größerer Erfolg war der nächsten Konstruktion der Gesellschaft, der GA.5 beschieden. Sie wurde als Javelin Allwetter-Abfangjäger bei der Royal Air Force in Dienst gestellt.

Hawker war einer der größeren Hersteller von Jagdflugzeugen im Zweiten Weltkrieg und ab 1943 aktiv in die Entwicklung strahlgetriebener Nachfolgemuster für die Tempest- und Fury-/Sea Fury-Jäger mit Kolbenantrieb einbezogen. Die Gesellschaft setzte ihre Hoffnungen hauptsächlich auf die beachtenswerten Rolls-Royce Triebwerke B.40 und B.41. Erste Projekte waren der P.1031-Nachtjäger mit einem B.40-Triebwerk und die P.1035 Version der Fury mit einer B.41-Turbine. Zusätzlich beschäftigte man sich mit der Planung von drei Bombern.

Das Aussichtsreichste dieser Projekte war die P. 1035, die schrittweise aus ihrem Fury Ursprung mit einem langen Strahlrohr, das seine Abgase unter dem Heckleitwerk ausstieß, zur P.1040 fortentwikkelt wurde. Diese besaß ein zweiästiges System, bei dem die Triebwerkabgase durch zwei kurze Strahlrohre an beiden Rumpfseiten kurz hinter den Tragflächen austraten. Zu diesem Zeitpunkt verlor die Royal Air Force ihr Interesse an diesem Typ, da man ihm nur geringe Leistungsvorteile gegenüber der Meteor F.Mk 4 zutraute. Er wurde aber durch das Interesse der Royal Navy gerettet, was zur Entwicklung der P.1040 zum trägergestützten Sea-Hawk-Jäger und Jagdbomber führte.

Aus dem grundlegenden Konzept der P.1040 entstand eine Reihe anderer Typen. Zuerst kam die P.1047, bei welcher der Grundriß der P.1040 durch 35° gepfeilte Tragflächen verändert wurde (wobei die Leitwerksflächen gerade blieben), und die ein Raketentriebwerk anstelle des Turbostrahltriebwerks erhielt. Aus diesem etwas unpraktischen Schema wurde der P.1052-Prototyp mit einem 2268 kg Standschub liefernden Rolls-Royce Nene-Turbostrahltriebwerk entwickelt, der erstmals 1948 flog. Es folgte kein Produktionsauftrag, aber Hawker glaubte immer noch an die Vorzüge dieses Typs. Auf eine australische Anfrage reagierte er mit der Weiterentwicklung der Maschine zur P.1081 mit gepfeilten Leitwerkflächen und einem geradlinig eingebauten Triebwerk, wofür er ein von dem Supermarine Attakker Marinejäger übernommenes Strahlrohr benutzte. Der Prototyp flog zum erstenmal im Juni 1950 mit einem Nene-Turbojet, obgleich für alle Produktionsversionen das 2835 kg Standschub erzeugende Rolls-Royce Tay-Turbostrahltriebwerk vorgesehen war. Der einzige Prototyp stürzte jedoch im April 1951 ab, worauf das gesamte Programm eingestellt wurde.

Die Briten hatten ihr Interesse am Raketenantrieb während dieser Periode nicht verloren, wenngleich jetzt ein gemischtes Antriebsaggregat bevorzugt wurde. Es bestand aus einem Turbostrahltriebwerk für den Dauerflug und einem Flüssigkeits-Raketentriebwerk für maximale Steigraten und Geschwindigkeiten für die Abfangjagd. So wurde das P.1047-Projekt als P.1072-Programm wieder ins Leben gerufen; immer noch mit geraden Tragflächen. Der Antrieb erfolgte jetzt durch ein Nene-Turbostrahltriebwerk mit 2268 kg Standschub, das seine Abgase durch zweiästige Auslässe in den Flächenwurzeln ausstieß. Es wurde durch ein Armstrong-Siddeley Snarler-Raketentriebwerk mit 907 kg Schub ergänzt, dessen Abgasstrahl unter dem Flugzeugheck austrat. Nach einem ersten rein konventionellen Flug im November 1950 wurde das Raketentriebwerk vier Tage später erfolgreich gezündet. Unterdessen neigten die Briten mehr und mehr zu Turbostrahltriebwerken mit Nachbrennern und es fanden nur noch wenige weitere Testflüge statt. Hawker hatte trotzdem bei der Entwicklung dieser Prototypen unschätzbare Erfahrungen mit aerodynamischen und strukturellen Formgebungen für Jagdflugzeuge im schallnahen Geschwindigkeitsbereich sammeln können. Die nächste Konstruktion der Gesellschaft wurde der P.1067-Prototyp der überragenden Hunter, die unumstritten das beste Jagdflugzeug im schallnahen Bereich war, das je gebaut wurde. Am Bau einer Überschall-Version der Hunter mit einem Rolls-Royce Avon-Turbostrahltriebwerk wurde auch gearbeitet. Der Prototyp war zu 80 Prozent fertig, als das Projekt gestrichen wurde.

Auch die Firmen de Havilland und Supermarine stellten zu dieser Zeit Jagdflugzeuge her. De Havilland entwickelte mehrere wichtige Typen wie zum Beispiel die Venom und Sea Vixen, die aerodynamisch – ganz wie die Vampire – auf einer zentralen Rumpfzelle und einer Leitwerkseinheit aufbaute, die durch von den Flügeln nach hinten verlaufende Zwillingsausleger getragen wurde. Es gab Schwierigkeiten mit diesen Konstruktionen, aber beide erreichten ohne größere Probleme die Serienreife.
Zeit bevor. Ausgangspunkt für den Einstieg der Gesellschaft in den Bau strahlgetriebener Kampfflugzeuge war die Attakker, welche die Royal Navy kaufte. Die Attacker ist ein Paradebeispiel für die damaligen Methoden, ein Flugzeug mit Kolbentriebwerk in einen strahlgetriebenen Typ umzuwandeln. Sie war eindeutig nur ein Provisorium. Submarine entwickelte jedoch aus der Attacker den Typ 510, eine Attacker mit gepfeilten Tragflächen, die im Dezember 1948 erstmals flog. Es folgte der Typ 535 – ein Typ 510 mit längerer

Unten: Mit einem zusätzlichen Armstrong-Siddeley-Snarler Flüssigkeits-Raketentriebwerk wurde die P.1040 zur P.1072. Sie flog erstmals im November 1950. Die Leistungssteigerung war enorm. Da das Flüssigkeits-Raketentriebwerke jedoch einige technische Einschränkungen mit sich brachte, stellten die Engländer das Programm bald wieder ein.

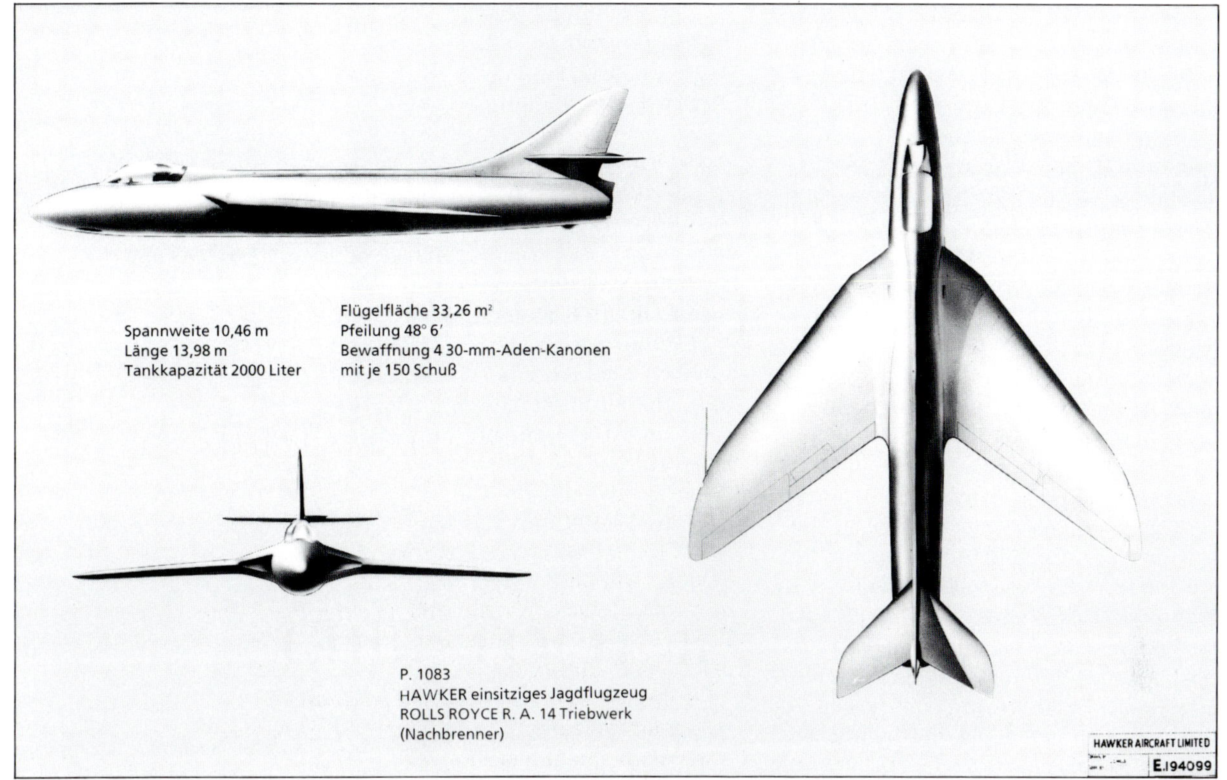

Oben: Schon aufgrund ihrer Form wäre die Hawker P.1083 ein Nachfolgemuster der klassischen Hunter mit mäßiger Überschallgeschwindigkeit geworden, und hätte wahrscheinlich ähnliche Verkaufserfolge feiern können. Als die Flugzeugzelle des ersten Prototyps zu 80 Prozent fertiggestellt war, wurde das Projekt jedoch von der britischen Regierung gestrichen.

Nase und einem Bugrad anstelle eines Heckrades. Er startete erstmals im August 1950 und beeindruckte die Prüfungskommission immerhin so stark, daß ein Auftrag über 100 Flugzeuge vorgesehen wurde, falls der Nachfolgetyp 541 mißlingen würde. Der Typ 541 war tatsächlich der Prototyp für das Swift-Produktionsmuster und flog im August 1951. Er wurde ohne Verzögerung in Serienfertigung genommen, da der Koreakrieg gerade die Rückständigkeit der britischen Jäger vor Augen führte. Die Swift wurde ab Februar 1954 als erster Jäger mit gepfeilten Flächen bei der Royal Air Force in Dienst gestellt. Der Typ 545 war die geplante Weiterentwicklung der Swift zum Überschall-Jäger. Die Hawker P.1083 wurde gestrichen – ungeachtet der Risiken des Supermarine-Entwurfs, der geringere Leistungen als der Typ P.1083 erwarten ließ. Im Vergleich zur Swift besaß der Typ 545 einen Rumpf mit den Konstruktionsmerkmalen der Flächenregel und eine sichelförmige Tragfläche, deren Vorderkantenpfeilung sich von 50° an den Flächenwurzeln über 40° an der mittleren Spannbreite bis auf 30° an den Flügelenden verringerte. Die Truppe hatte aber mit der Swift im täglichen Einsatzbetrieb so große Schwierigkeiten, daß 1955 alle Arbeiten am Typ 545 eingestellt wurden.

Damit verfügte die britische Entwicklung über keinen Überschall-Jäger mehr, und die Royal Air Force wandte sich eiligst dem englischen Electric P.1 Überschall-Forschungsflugzeug zu, das in Form der P.1B zu dem Prototyp der Lightning umgewandelt wurde; einem Abfangjäger mit geringem Aktionsradius aber sonst beeindruckenden Leistungen. Die P.1B flog erstmals im April 1957, und konnte nach einer langwierigen Entwicklung endlich 1960 in Dienst gestellt werden.

Großbritannien war damit der direkte Übergang vom reinen Unterschall-Jagdflugzeug zum echten Überschall-Jäger gelungen – ohne die Zwischenstufe eines schallnahen Typs. Das war eine erstaunliche technische Leistung, die sich letztlich aber in wirtschaftlicher Hinsicht als Eigentor entpuppte. Die großen Exporterfolge mit der Hunter konnten nicht mehr gewinnbringend ausgenutzt werden, wenn die Betreiber des Typs ein schallnahes Nachfolgemuster wie die gestrichene P.1083 forderten. Das führte zu einer Schwächung der gesamten britischen Luftfahrtindustrie. Damals war diese Tendenz kaum wahrnehmbar, denn die Briten standen an der Schwelle, ein Jagdflugzeug zu entwickeln, das der erkannten Bedrohung durch bemannte sowjetische Bomber gewachsen war. Diese Bedrohung stellte sich in zwei Formen dar: als schwerer Bomber mit 0,9 Mach und als mittlerer Bomber mit 2 Mach, die beide in Höhen über 18.290 m operieren konnten.

Deshalb brauchte die Royal Air Force einen Abfangjäger mit einer extrem hohen Steigrate. Die Konstrukteure bemühten sich noch einmal um das Raketentriebwerk. Zwei Typen befanden sich seit 1946 in der Entwicklung: Die Armstrong Siddeley Snarler mit 907 kg Schub arbeitete mit Methylalkohol, Wasser und flüssigem Sauerstoff; die de Havilland Sprite mit 2268 kg Schub dagegen mit Wasserstoffsuperoxyd bei niedriger Siedetemperatur. Die Snarler war bereits bei dem Hawker P.1040 Prototyp getestet worden, der späteren P.1072, aber obwohl sie die gewünschten Steigleistungen erbrachte, führten ihre technischen Probleme zu ihrer Streichung. Die Sprite wurde ab April 1951 an dem de Havilland Comet-Passagierflugzeug-Protototyp im Flug erprobt.

Aus der Snarler entstand die Screamer, die erste britische Rakete mit regulierbarer Schubstärke, und aus der Sprite wurde mit der Spectre eine weitere Rakete der zweiten Generation entwickelt. Im Jahr 1952 kam die Planungsanforderung für einen raketengetriebenen Abfangjäger heraus. Die Forderung schloß hohe Geschwindigkeiten im Horizontalflug, einen sehr steilen Steigflug nach einer kurzen Startstrecke und eine Bewaffnung mit vier Luft-Luft-Raketen ein. Mehrere Gesellschaften reagierten darauf, wobei der Avro Type 720 und die Saunders-Roe SR.53 als die vielversprechendsten Entwürfe galten. Beide sahen ein gemischtes Antriebsaggregat mit einem Turbostrahltriebwerk für den Dauerflug und einem Flüssigkeits-Raketentriebwerk für maximale Geschwindigkeit und Steigleistung vor. Beide Entwürfe wurden als Prototyp in Auftrag gegeben; der Typ 720 mit einem Antriebsaggregat aus einem Armstrong Siddeley-Viper-Turbostrahltriebwerk sowie einem Screamer-Raketenmotor, der Kerosin und flüssigen Sauerstoff benötigte; und die SR.53 mit einem Viper-Turbojet und einem Spectre-Raketentriebwerk. Beide Maschinen machten eine schwierige Entwicklung durch, bis die genauen Konstruktionen feststanden. Die endgültigen Typ 728- und P.177-Prototypen wurden mit einem de Havilland PS.38 (später Gyron Junior) Turbostrahltriebwerk mit 3629 kg Standschub und einem genau gleichstarken Spectre- Raketenmotor konstruiert. Im Juli 1957 flog schließlich nur die SR.53, fast drei Jahre später als geplant. Die SR.53 zeigte sehr beeindrukkende Steigleistungen, dennoch wurde das Projekt nach dem unaufgeklärten Absturz des zweiten Prototyps im März 1958 aufgegeben. Die stark verbesserte P.177 Version war bereits den umfangreichen Kürzungen zum Opfer gefallen. Die Briten hatten 1957 entschieden, die Zukunft des Luftkrieges eher bei den Raketen als bei bemannten Flugzeugen zu sehen.

Andere britische Kampfflugzeuge dieser Zeit, die nicht über das Planungsstadium hinauskamen, waren der bemannte 2,5-Mach-Abfangjäger Fairey F.155T; der 2250 km/h schnelle Hawker P.1121 Nuklearwaffen-Träger sowie der 2,4-Mach-Typ Hawker P.1129, ein taktisches Nuklearwaffen- und Aufklärungsflugzeug. Einen größeren, aber kurzzeitigen Erfolg verzeichnete der fortschrittliche taktische 2 Mach-Aufklärer English Electric TSR-2, der aus dem P.17A-Projekt hervorging. Der erste TSR-2 Prototyp flog im September 1964. Obwohl das Programm anfangs mit beträchtlichen technischen Schwierigkeiten zu kämpfen hatte, waren diese fast schon gelöst, als das Projekt im April 1965 gestrichen wurde.

FRANKREICH

Nach Ende des Zweiten Weltkrieges baute Frankreich seine Streitkräfte neu auf. Diese Arbeit nahmen die Franzosen mit großer Energie in Angriff. Schon bald empfahl die französische Luftfahrtindustrie einige Jagdflugzeugtypen, die auf einem gerade gebauten Forschungsflugzeug folgen könnten. Das erste rein strahlgetriebene, in Frankreich gefertigte Jagdflugzeug war die Sud-Ouest SO.6025 Espadon; ein Zwischentyp mit geraden Tragflächen, der seinen Erstflug im November 1948 unter dem Namen SO.6020 absolvierte. Sein Rolls-Royce Nene-102-Turbostrahltriebwerk saugte die Luft durch einen Einlaßschacht an, der sich auf der Unterseite des hinteren Rumpfes befand. Diese Anordnung erwies sich als völlig unbrauchbar. Die zweite SO.6020 bekam Luftansaugschächte, die auf gleicher Höhe an den Rumpfseiten hinter den Tragflächenhinterkanten angebracht waren. Die dritte SO.6020 wurde kurzfristig in SO.6025 umbenannt. Sie erhielt eine lange Luftansaugröhre auf der Rumpfunterseite, die in ihrem hinteren Teil ein SEPR-251-Flüssigkeits-Raketentriebwerk als Hilfsantrieb beherbergte. Viele weitere Entwicklungsarbeiten folgten, aber bis 1953 war der Typ total überholt und alle weiteren Arbeiten daran wurden eingestellt.

Ein anderer französischer Prototyp dieser Zeit war der Sud-Est SE.2410 Grogu-ard; ein interessanter Angriffsjäger-Typ, dessen beide Nene-101-Turbostrahltriebwerke die Luft durch einen auf der Rumpfoberseite gelegenen Luftansaugschacht bezogen. Der erste Prototyp, die einsitzige Groguard I mit 47° gepfeilten Tragflächen, flog im April 1950. Der zweite Prototyp war die zweisitzige Groguard II mit 32° gepfeilten Flügeln. Beide Entwicklungsmodelle hatten Vibrationsprobleme und wurden aufgegeben, nachdem die Sud-Ouest Vautour mit entschieden besseren Leistungen aufwartete. Der Aerocentre NC.1071 Angriffsjäger-Prototyp wurde Frankreichs erste zweistrahlige Konstruktion. Er flog erstmals im Oktober 1948. Seine langen Triebwerksgondeln für die Nene-Turbojets unterstützten an ihren rückwärtigen Enden das doppelte Seitenleitwerk mit obenliegendem Höhenleitwerk, das durch diese Bauweise hoch genug über den von der großen Mittelgondel ausgehenden aerodynamischen Luftverwirbelungen lag. Aerocentre ging im Laufe des Jahres 1949 bankrott, und die Entwicklung der NC.1071 wurde eingestellt. Eine andere Aerocentre-Konstruktion war der Marinejäger NC.1080, der als Nord 2200 im Dezember 1949 startete, aber 1952 aufgegeben wurde.

Ein weiterer Marinejäger-Prototyp, die Arsenal VG.90, wurde aus dem VG.70-Versuchsflugzeug entwickelt, das von einem Junkers Jumo-004-Turbostrahltriebwerk angetrieben wurde. Die ersten beiden VG.70-Prototypen wurden aus Holz gebaut; der erste flog im September 1949. Beide Maschinen gingen bei Flugunfällen verloren. Das dritte Muster in Ganzmetallbauweise flog nie.

Mehr Erfolg hatte Dassault. Sein Ouragan wurde der erste einsatzfähige strahlgetriebene Jäger Frankreichs. Aus dem Geradflügler Ouragan entwickelte die Firma die Mystère I mit gepfeilten Tragflächen, die erstmals im Februar 1951 mit einem Nene-104B-Turbostrahltriebwerk flog. Ihr folgten zwei Mystère-IIA- Prototypen, die beide von Rolls-Royce Tay-Turbojets angetrieben wurden. Diese bahnten den Weg zu dem Mystère-IIC-Vorserienmodell, das SCECMA-Atar-101 Turbostrahltriebwerke beschleunigten. Die Mystère III war eine zweisitzige Allwetter-Konstruktion mit seitlichen Luftansaugschächten, um die Flugzeugnase frei für das Radargerät zu halten. Der einzige Prototyp dieses Modells flog im Juli 1953. Parallel zu dieser Entwicklungsreihe hatte Dassault an einem fortschrittlicheren Abfangjäger, der Mystère IV, gearbeitet. Diese überholte die mit strukturellen Schwierigkeiten geplagte Mystère II in der Hauptproduktion. Diese machte ihrerseits den Weg frei für die Super Mystère B1, die im März 1955 das erste europäische produktionsreife Jagdflugzeug wurde, das im Horizontalflug Geschwindigkeiten über Mach 1,0 erreichte.

All dies waren konventionelle Typen. Mit der MD.550 Mirage I führte die Firma

Die Sud-Ouest SO.6025 Espadon war der erste französische Düsenjäger. Das Flugzeug besaß ein SEPR-251 Flüssigkeits-Raketentriebwerk als Hilfsantrieb. Es saß hinter einer Luftansaugröhre an der Rumpfunterseite.

jedoch den charakteristischen Deltaflügler ohne Höhenleitwerk ein. Die Mirage I wurde als Auftrag eines leichten Abfangjägers entwickelt und flog im Juni mit zwei Armstrong Siddeley-Viper-Turbostrahltriebwerken, die von einem SEPR-66 Flüssigkeits-Raketentriebwerk unterstützt wurden, um im Horizontalflug eine Geschwindigkeit von Mach 1,3 zu erzielen. Um eine einsatzreife Maschine fertigen zu können, mußten noch weitere Entwicklungsstufen durchlaufen werden. Nachdem auch die Mirage mit ihren zwei Turbomeca-Gabizo Turbostrahltriebwerken verworfen worden war, entwickelte die Gesellschaft den klassischen Mirage III-Überschalljäger.

Nord war ein weiterer Verfechter der Deltaflügelkonfiguration ohne Höhenleitwerk. Sein Prototyp N.1402 Gerfaut I erreichte im August 1954 mit dem Atar-101D3-Turbostrahltriebwerk als erstes Flugzeug im Horizontalflug Geschwindigkeiten über 1 Mach – ohne einen Nachbrenner oder ein Hilfsraketentriebwerk zu benutzen. Die Gerfaut-IB- und Gerfaut-II-Prototypen wurden ebenfalls gebaut und ebneten den Weg für den kräftigen N.1500 Griffon Abfangjäger-Prototyp. Dieser flog im September 1955 mit einem Atar-101F-Turbostrahltriebwerk mit Nachbrenner; wurde aber kurz danach als Griffon II mit dem vorgesehenen gemischten Antriebsaggregat ausgerüstet, das aus einem Atar-101E-Turbostrahltriebwerk und einem Nord- Staustrahltriebwerk bestand. Die Griffon II erreichte mit dem Staustrahltriebwerk Überschallgeschwindigkeiten, wurde aber nicht zu einem Einsatzflugzeug weiterentwickelt.

Ein weiterer französischer Prototyp mit gemischtem Antrieb (in diesem Fall Turbostrahl- und Raketentriebwerk) war die Sud-Ouest SO.9000 Trident. Mit dem Bau des Trident-I-Prototyps begann man 1951. Zu einer Zeit, als die gepfeilte Deltaflügelkonfiguration Mode war, entschied sich das Konstruktionsteam für eine gerade,

Unten: Die Dassault Mystère IVA war das Ergebnis eines langwierigen Entwicklungsprogramms. Der leistungsfähige Jagdbomber wurde auch zu mehreren Entwicklungsaufgaben herangezogen.

aber sehr dünne Tragfläche. Die Trident I machte ihren ersten Flug im März 1953, angetrieben von zwei in Triebwerksgehäusen an den Flügelspitzen untergebrachten Turbomeca-Marbore-Turbostrahltriebwerken. Der zweite Prototyp stürzte auf seinem ersten Flug ab. Daraufhin wurde die erste Maschine auf Viper-5-Turbostrahltriebwerke umgerüstet, damit sie genügend Antrieb besaß, um mit Hilfe des am Rumpfende eingebauten SEPR-481-Raketentriebwerks sicher in die Luft zu kommen. Dieses Modell flog im Mai 1955. Mit der weiteren Entwicklung wurde Dassault beauftragt, der zwei SO.9050 Trident II als Prototypen für die geplante Einsatzversion baute. Die Trident II erreichte Geschwindigkeiten von 1700 km/h, aber beide Prototypen gingen durch Flugunfälle verloren.

Aus dieser kreativen Entwicklungsperiode stammen auch der kleine Deltaflügler Sud-Est SE.212 Durandel, ein Abfangjäger, sowie der Jagdbomber Sud-Est SE.5000 Bardoudeur. Er war für den unmittelbaren Einsatz auf dem Gefechtsfeld vorgesehen. Sein charakteristisches Kennzeichen war die Fahrwerksanordnung mit Zwillingsspornrädern unter dem Rumpf, was eine abwerfbare Lafette für den Start erforderte.

Frankreich beschäftigte sich in den 60er Jahren mehr und mehr mit Kampfflugzeug-Projekten, die nicht nur überragende Zuverlässigkeit und operative Flexibilität anboten, sondern auch keine langen Betonstartbahnen mehr brauchten, die sehr empfindlich gegen Angriffe waren. Die beiden Lösungsansätze mit den größten Erfolgsaussichten lagen bei Tragflächen mit variabler Geometrie (mit dem zusätzlichen Vorteil eines erhöhten Zuladungs/Reichweiten-Leistungsverhältnisses) und bei den Senktrechtstartern.

Großbritannien und Frankreich beschlossen 1965, ein gemeinsames Überschallflugzeug zu entwickeln, das als Angriffs- und Schulflugzeug genutzt werden konnte (die SEPECAT Jaguar). Noch im gleichen Jahr entschloß man sich, auch ein britisch/französisches Mehrzweckflugzeug mit variabler Geometrie zu entwickeln. Dieses Projekt war aber nie lebensfähig, und Frankreich sprang 1967 ab. Bemerkenswert ist aber, daß viele charakteristische Züge dieses ehrgeizigen Modells ein Jahrzehnt später wieder bei dem deutsch-italienisch-britischen Mehrzweckflugzeug auftauchten, das schließlich zum Panavia Tornado heranreifte.

Frankreich interessierte sich aber trotz des Mißerfolges mit dem AFVG Projekt weiter für das Konzept der variablen Geometrie und trieb die Entwicklung von zwei eigenen Typen voran; der Dassault Mirage G und der Mirage G.8.. Die Erstgenannte flog im November 1967, das zweite Modell im Mai 1971. Keine ging in die Produktion.

Oben: Die Sud-Ouest SO.9000 Trident war ein ehrgeizigea Jäger-Projekt. Das Antriebsaggregat setzte sich aus einem Flüssigkeits-Raketentriebwerk im Heck und zwei kleinen Turbostrahltriebwerken in Triebwerksgehäusen an den Tragflächenenden zusammen.

VTOL-FLUGZEUGE

Frankreich und Großbritannien interessierten sich sehr für VTOL-Flugzeuge oder Senkrechtstarter. Bis zu Beginn der 60er Jahre hatten verschiedene Staaten umfangreiche experimentelle Arbeit geleistet. Besonders in den USA waren Prototypen verschiedener VTOL- Konzepte geflogen. Frankreich und Großbritannien schlugen damals jedoch verschiedene Wege ein.

Die Franzosen entschieden sich für ein VTOL-Konzept mit direktem Auftrieb und bauten ihren ersten VTOL-Prototyp in Gestalt der Dassault Balzac. Pilotenkabine, Tragflächen und Seitenleitwerk der Mirage III wurden mit einem ähnlichen, aber völlig neuen Rumpf kombiniert. Dieser beherbergte ein Bristol Orpheus-Turbostrahltriebwerk mit 2200 kg Standschub für den Vorwärtsflug, sowie ein System von acht senkrecht eingebauten, je 980 kg Schub erzeugenden Rolls-Royce Turbostrahltriebwerken für den Auftrieb. Letztere waren in vier Gruppen an beiden

Oben: Der erste Prototyp der Dassault-Breguet Mirage 2000 (links) bei einem gemeinsamen Flug mit dem Prototyp der Dassault-Breguet Mirage 4000 (1979). Die berühmte Mirage 2000 ging erfolgreich in Fertigung, während die Mirage 4000 nur ein Prototyp blieb.

Links und rechts: Die beiden Dassault-Mirage G8 Senkrechtstarter-Prototypen zeigen die kleinst- und die größtmögliche Pfeilstellung der Tragflächen.

ACX »RAFALE«

Dassault-Breguet-Rafale-A. Die Rafale-A ist eine Versuchsmaschine für die neue Generation taktischer Flugzeugtypen – die Rafale-D und das Trägermodell Rafale-M, die etwas kleiner und leichter als das Experimentalflugzeug sein werden. Die gesamte Konstruktion spiegelt die Bedeutung der erhöhten Wendigkeit und der verbesserten Sicht für den Piloten wieder. Eine besondere Elektronik überprüft ständig die Vorgänge in der Maschine und zeigt dem Piloten nur die Daten an, die für den Einsatz und den Auftrag notwendig sind.

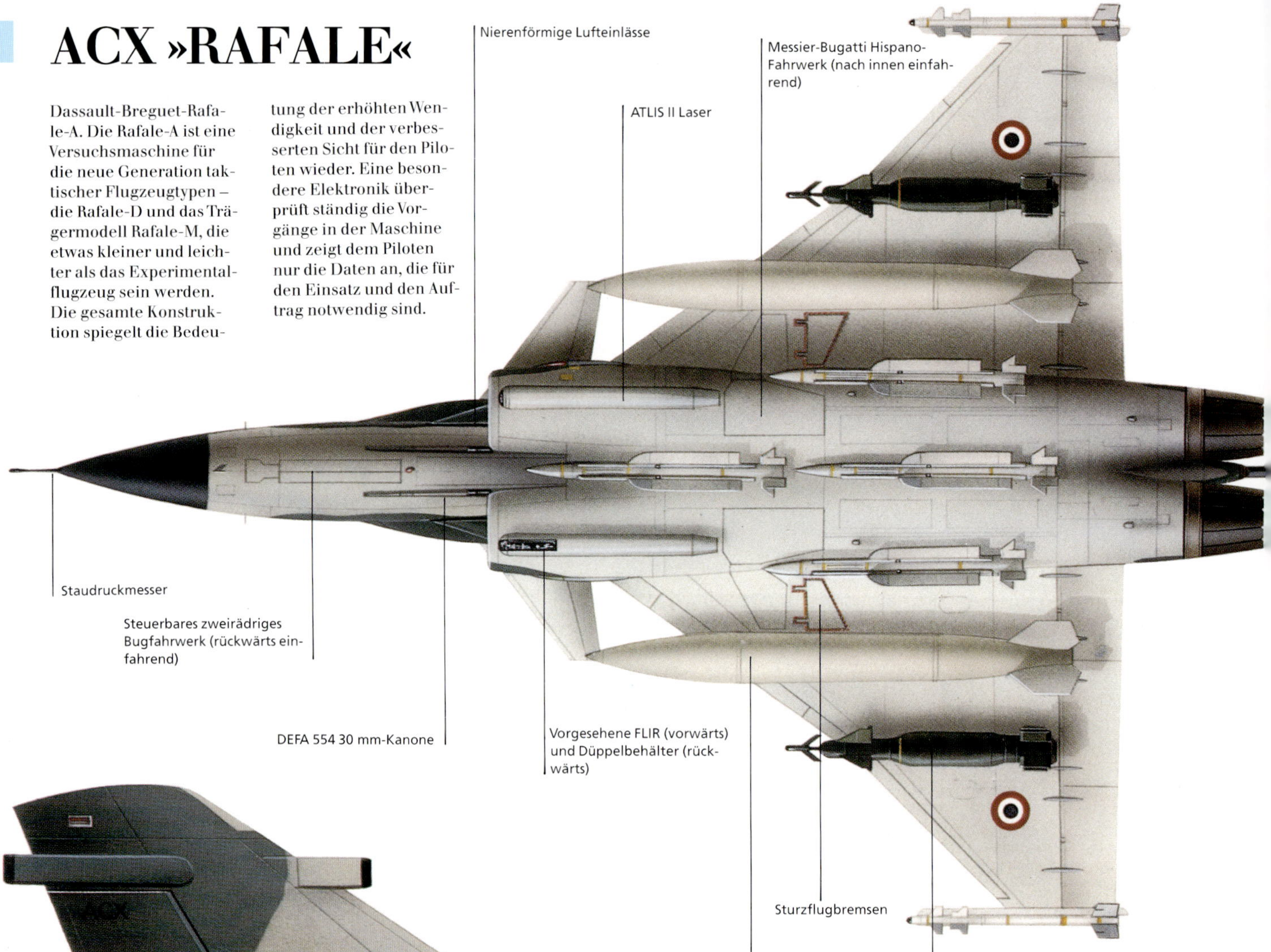

Vollbeweglicher Enten-Vorflügel
Vorflügel
Staudruckmesser
Kombinierte Höhen- und Querruder
Große Verschalung für Entenflügel
General Electric F404 Triebwerke
Bremsklappen
VHF/Tacan
Martin Baker Schleudersitz
Nach oben klappbares Kabinendach
Pilotenkabine
Deltaflügel mit AAM-Abschußschiene
Navigationslicht
Antikollisions-Licht
Thomson-CSF für HUD
und elektronische Anzeige
im Cockpit
Magic (später MICA Raketen)
Spreizplatte für Strömungsgrenzschicht
Formationslicht
UHF

Seiten der Rumpflinie jeweils paarweise vor und hinter dem Flugzeugschwerpunkt angebracht. Die Balzac hob im Oktober 1962 zu ihrem »angeketteten« Schwebeflug ab, absolvierte ihren ersten freien Flug noch im Oktober und führte den Übergang vom Schwebeflug in den Vorwärtsflug erstmals im März 1963 durch. Das Testflugprogramm brachte die Bestätigung für die Entwicklungsfähigkeit der Hub/Schub-Anordnung, und Dassault schritt mit der Mirage III–V voran, die auf der Mirage IIIE basierte. Der Rumpf mußte verlängert werden, um acht Rolls-Royce RB.162 Hubtriebwerke mit je 1600 kg Schub sowie ein SNECMA-TF-104 Mantelstromtriebwerk mit 6300 kg Standschub für den Vorwärtsflug aufnehmen zu können. Die Mirage III-V machte ihren ersten angeketteten Schwebeversuch im Februar 1965. Es folgte ein rein konventioneller freier Flug, und danach kamen Flüge mit Übergängen zwischen Schwebe- und Vorwärtsflug. Mit ihrem ursprünglichen Marschtriebwerk erreichte die Mirage III-V eine Geschwindigkeit von 1,35 Mach. Nach der Umrüstung auf das General Electric TF30-Mantelstromtriebwerk mit 8401 kg Standschub erzielte sie 2,04 Mach. Die Produktionsplanung war bereits angelaufen, wurde aber letztlich zugunsten der Mirage 1 aufgegeben. Ironischerweise war dieser konventionelle Typ entwickelt worden, um die Bewaffnung und Antriebssysteme für den Vorwärtsflug der geplanten Mirage III-V zu testen.

Großbritanniens Interesse an der VTOL-Technologie nahm erstmals mit dem Rolls-Royce Schubmessungsgestell – sonst als »The Flying Bedstead« bekannt – feste Formen an. Die Short SC.1 mit fünf RB.108-Triebwerken (vier davon für den Hub und eins für den Vortrieb) flog erstmals im April 1957. Letztendlich setzten die Briten jedoch die Schubablenkung für den Senkrechtstart ein. So brauchten sie keine eigenen Hubtriebwerke mehr, die nur Gewicht und Kosten erhöhten, im Horizontalflug aber zum unnötigen Ballast wurden.

Zu diesem Zweck wurde das Bristol (jetzt Rolls-Royce) Pegasus-Triebwerk entwickelt, dessen erste Plattform die Hawker P.1127 war. Die Flugzeugzelle baute man um die charakteristische Form

Unten: Das Rolls-Royce (Bristol-Siddeley) Pegasus-Triebwerk treibt das revolutionäre STOVL-Kampfflugzeug Harrier von British Aerospace an. Dieses Versuchstriebwerk auf dem Teststand zeigt im Vordergrund die rechte Abgasdüse, die zusammen mit ihrem linken Gegenstück heiße Abgase aus dem Turbinenteil ausstößt.

Oben: Ein Hawker Kestrel-FGA.MK1 Erprobungsflugzeug. Die linken Schubdüsen sind nach unten gerichtet.

Rechts: Der Hawker P.1127-Prototyp für die Kestrel- und Harrierserie bei seinen ersten angeketteten Schwebeflugversuchen.

seines Pegasus-Triebwerks mit vier Abgasdüsen, von denen zwei auf jeder Seite vor und hinter dem Flugzeugschwerpunkt angebracht sind. Die vorderen beiden stoßen kalte Luft aus dem Frontgebläse des Triebwerks aus, die hinteren zwei die heißen Abgase der Triebwerksturbine. Die P.1127 unternahm ihren ersten angeketteten Schwebeflug im Oktober 1960 und die ersten Übergänge vom Schwebe- in den Horizontalflug folgten im September 1961. Der Typ war so vielversprechend, daß die Kerstel als Vorproduktionsmodell und die Harrier als Serienflugzeug gebaut wurden. Letztere hat sich seitdem in etwas abgeänderter Form zur angloamerikanischen McDonnell Douglas/British McDonnell-Douglas/British Aerospace

Unten: Das Forschungsmodell Short SC.1 war der erste britische Senkrechtstarter. Vier seiner Rolls-Royce RB.108 Turbostrahltriebwerke dienten zum Hub; eines zum Vortrieb.

Harrier II entwickelt. Der Bau der P.1154-Überschallversion P.1127 war geplant, wurde dann aber wieder verworfen.

Zwei andere beachtenswerte VTOL Prototypen waren die deutsche Dornier Do 31E und die VJ 101C der Arbeitsgemeinschaft Entwicklungsring Süd. Die Do 31E war ein Transportflugzeug und flog erstmals im Februar 1967. Sie besaß zwei Pegasus Schwenkdüsen-Bläsertriebwerke, die sich in Triebwerksgondeln unter den Tragflächen befanden. Zwei abnehmbare Gehäuse an den Tragflächenenden beherbergten die je vier 1996 kg Schub erzeugenden RB 162-Hubtriebwerke. Die VJ 101C war der Prototyp eines Jägers mit sechs RB.145-Turbostrahltriebwerken zu je 1247 kg Schub. Der Jungfernflug fand im April 1963 statt. Zwei der Triebwerke waren als reine Hubeinheiten im Rumpf untergebracht, die anderen vier paarweise in schwenkbaren Gehäusen an den Tragflächenenden. Die Gehäuse mit den Triebwerken konnten zwischen der Senkrecht- und Horizontalstellung für Hub- beziehungsweise Schubantrieb gedreht werden. Ein zweiter Prototyp benutzte die Nachbrennerversion desselben Triebwerks mit 1610 kg Standschub und erreichte Überschallgeschwindigkeiten im

Oben: Die Dornier Do 31 war ein ehrgeiziger STOVL-Transportflugzeug-Prototyp. Acht Rolls-Royce RB.162–4 Hubtriebwerke, die in Vierergruppen an jedem Tragflächenende angebracht waren, ergänzten die beiden Rolls-Royce Pegasus 5–2 Schwenkdüsen-Bläsertriebwerke.

Oben: Die Lavi der Israel Aircraft Industries war ein ungewöhnliches Kampfflugzeug, das mit großer finanzieller und technischer Unterstützung durch die USA in Israel entwickelt wurde. Das Projekt wurde aber kurz nach dem ersten Flug des Prototyps aus finanziellen und politischen Gründen aufgegeben.

Links: Die SNECMA C.450 Coleoptere war ein außergewöhnliches VTOL-Forschungsflugzeug, das durch den Antrieb seines SNECMA Atar-101-Turbostrahltriebwerks senkrecht in die Höhe stieg, bevor es – unterstützt durch seine ringförmige Tragfläche – in den Vorwärtsflug überging.

Horizontalflug. Er gelangte aber, wie schon die Do 31E, nicht in die Serienfertigung. Weitere deutsche Entwicklungen führten zu dem VFW-Fokker Nuklearjäger- und Aufklärer-Prototyp VAK-191B, der erstmals im September 1971 flog. Er wurde von einem 4604 kg Standschub erzeugenden Rolls-Royce/MTU RB.193 Schwenkdüsen-Turbostrahltriebwerk und zwei RB.162-Hubtriebwerken zu je 2530 kg Schub angetrieben. Trotz erfolgreicher Testflüge kam keine Bestellung, da die in Deutschland stationierten Harrier der Royal Air Force schon die Aufgaben der VAK-191B erfüllten.

In den letzten Jahren pausierte die VTOL-Entwicklung etwas, aber beträchtliche Arbeit wurde in die Konstruktion fortschrittlicherer Triebwerke für VTOL-Überschallflugzeuge gesteckt. Wahrscheinlich dauert es nicht mehr lange, bis modernere Senkrechtstarter getestet werden.

Staudruckmesser
Einrädriges Bugrad hinter Lufteinlaß; rückwärts einfahrend
Hauptfahrwerk; Aufhängung für sechs Bomben vor und hinter der Stelle
Einfacher starrer Einlaß
Vollbewegliche Enten-Vorflügel
Fly-by-Wire Höhen- und Querruder-Kombination über ganze Spannweite
907
Triebwerkstore
Positionslicht
Splitterschutzplatte
Zusammengesetztes Seitenleitwerk (Grumman)
Innere Aufhängvorrichtung
Äußere Aufhängvorrichtung für Tanks
Möglicher RWR-Empfänger
Sturzflugbremsen
907
VHF
Bremsschirmabteil und RWR
Nach außen gekantete Bauchflossen
Rafael Python 3
AGM-65A Maverick Luft-Boden-Raketen

LAVI

Israel Aircraft Industries Lavi.

Israel machte sich große Sorgen über eine mögliche Unterbrechung wichtiger Waffenlieferungen aus anderen Ländern, die als Folge politischer, wirtschaftlicher und militärischer Handlungen eintreten könnte. Deshalb baute Israel eine eigene Luftfahrtindustrie auf, deren bisher ehrgeizigstes Projekt die Lavi war. Sie erreichte das Prototypen-Stadium, bevor das Programm auf inneren und wirtschaftlichen Druck der USA gestrichen wurde. Die Konstruktion war ein frühes Beispiel der modernen Entenflügel-Konfiguration und nutzte viele Metalllegierungen für die Zelle. Sie besaß Vorkehrungen für schwere und unterschiedliche Waffenladungen, die mit Hilfe moderner, meist in Israel hergestellter Elektronik ins Ziel gebracht werden konnten.

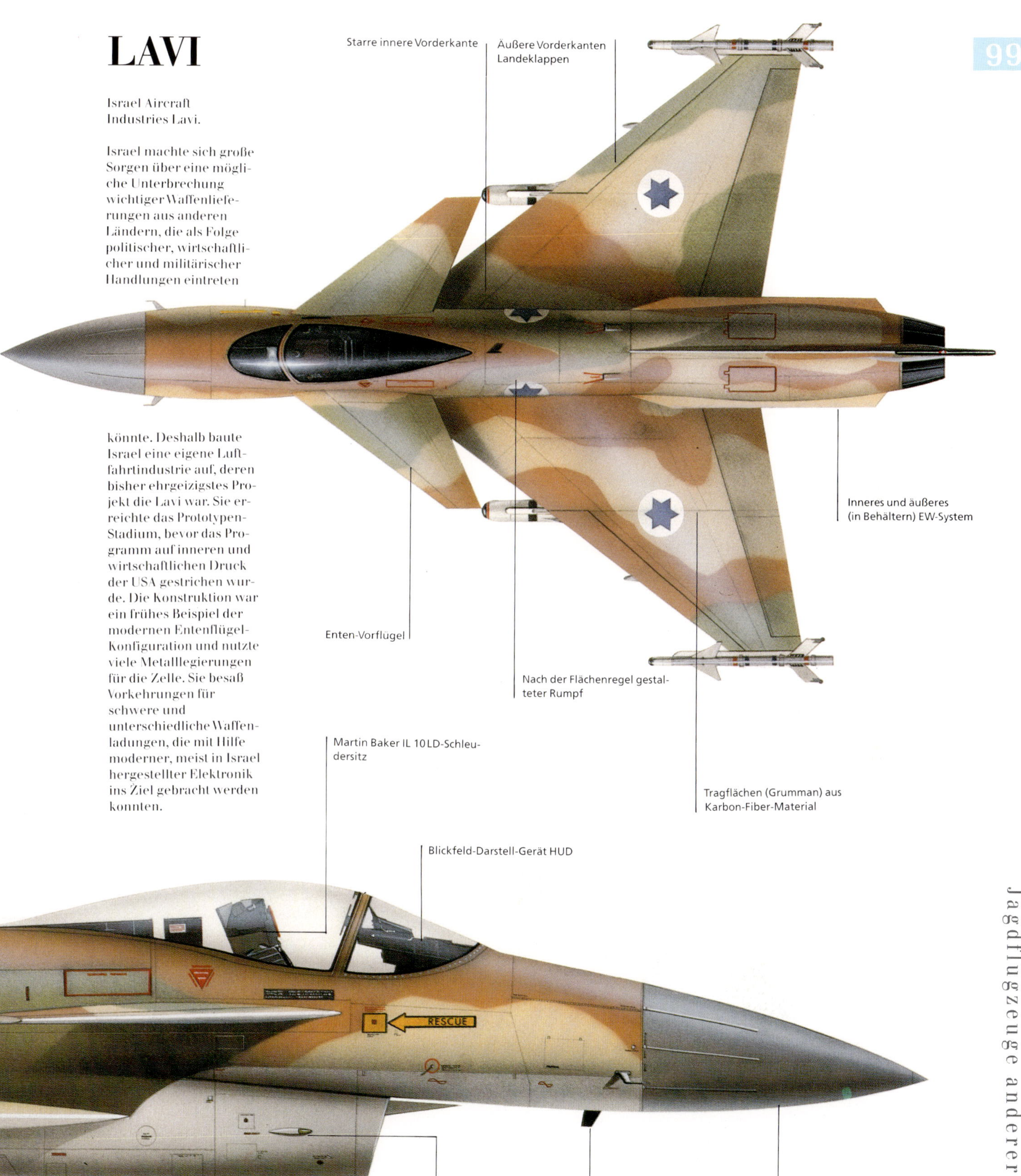

GRIPEN

Schweden entwickelte das Entenflügel-Konzept bei zwei Kampfflugzeugen zu voller Reife – erst bei der Saab 37 Viggen und danach bei der Saab JAS 39 Grippen. Letztere bietet dieselben Leistungen wie die Viggen in einer kleineren, leichteren und kostengünstigeren Form an und ist zudem weitaus manövrierfähiger.

FORSCHUNGS-FLUGZEUGE

Die bisherigen Kapitel haben sich hauptsächlich mit der Entwicklung von Prototypen beschäftigt, aus denen Jäger und Bomber hervorgehen sollten. Es bleiben noch Experimental- und Forschungsflugzeuge übrig, die in vieler Hinsicht zur tatsächlichen Entwicklung von Einsatzflugzeugen beigetragen haben; ursprünglich jedoch zur Untersuchung aerodynamischer, struktureller oder Triebwerksmerkmale gedacht waren.

USA

Die USA schlugen den richtigen Weg ein. Sie besaßen neben dem nötigen Weitblick die technischen und finanziellen Möglichkeiten, die Grundsatzforschung auf diesem Gebiet zu leisten. Innerhalb der amerikanischen Flugzeugindustrie befaßte sich Bell am intensivsten mit aerodynamischen Untersuchungen. Heute ist die Firma für ihre Hubschrauber bekannt, aber in der Zeit nach dem Zweiten Weltkrieg lag ihre Hauptstärke in der Pionierarbeit für den Hochgeschwindigkeitsflug.

Am 14. Oktober 1947 durchbrach Captain »Chuck« Yeager mit der Bell X–1 erstmals die Schallmauer. Er stellte den Rekord von 1,015 Mach auf. Der Typ war ausdrücklich zur Untersuchung von Flügen im schallnahen und Überschallbereich entwickelt worden. Sein zylinderförmiger Rumpf beherbergte einen Reaction-Motors E6000-C4-Raketenmotor mit 2722 kg Schubkraft und die Tanks für den Flüssigtreibstoff. Die Tragflächen waren gerade, aber dünn. Der erste angetriebene Flug der X–1 erfolgte im Dezember 1946 mit Hilfe eines Boeing B-29 Träger-

Unten und rechts: Die Flugzeuge der Bell X–1 Serie hatten gerade Tragflächen. Da diese aber sehr dünn waren und der Antrieb aus einem Flüssigkeits-Raketentriebwerk bestand, konnte das Flugzeug Überschallgeschwindigkeiten erreichen. Tatsächlich war die X–1 das erste Flugzeug, das im Oktober 1947 die Schallmauer durchbrach. Die X–1A besaß Turbinen-Treibstoffpumpen. Die X–1B wurde zur Erforschung der thermischen Vorgänge bei Hochgeschwindigkeitsflügen eingesetzt.

flugzeugs. Den drei X–1 Maschinen folgte eine X–1A mit überarbeitetem Kabinendach und verlängertem Rumpf, der mehr Treibstoff aufnehmen konnte. Turbinen-Treibstoffpumpen ersetzten das bisherige Stickstoff-Drucksystem. Die X–1A erreichte eine Geschwindigkeit von 2,435 Mach und eine Höhe von über 27.400 m. Die X–1B wurde zur thermischen Forschung eingesetzt; die X–1D ging beim ersten Flug verloren. Die X–1E hatte eine Windschutzscheibe mit messerscharfer Kante und Tragflächen, deren Dicke/Spannweiten Verhältnis vier anstatt zehn Prozent betrug.

Die Bell X–2 erschloß einen Bereich, in dem die X–1 bereits Pionierarbeit geleistet hatte. Sie besaß einen zylinderförmigen Rumpf aus einer Monelmetallegierung und gepfeilte Tragflächen aus rostfreiem Stahl. Das Antriebsaggregat bestand aus einem drosselbaren Curtiss-Wright XLR-25-CW–1 Flüssigkeitstriebwerk mit 6804 kg Schubkraft. Zwei Flugzeuge wurden gebaut. Das erste ging im Mai 1954 verloren, als es nach einer Explosion im Trägerflugzeug Boeing B-50 abgesprengt werden mußte. Das zweite Flugzeug startete im November 1955 zu seinem ersten angetriebenen Flug, wobei es eine Höhe von 38.465 m erreichte. Während des verhängnisvollen letzten Fluges im September 1956 wurde eine Geschwindigkeit von 3,2 Mach registriert.

Die Bell X–5 wurde zur Untersuchung der aerodynamischen Vorgänge gebaut, die bei einer Veränderung der Tragflächen-Geometrie während des Flüges entstehen. Sie flog erstmals im Juni 1951. Die Arbeit an den beiden X–5 begann 1948 auf der Grundlage der Bauzeichnungen des Messerschmitt P.1101-Prototyps, den deutsche Wissenschaftler am Ende des Zweiten Weltkrieges fast fertiggestellt hatten. Die X–5 wurde durch ein Allison J35-A–17 Turbostrahltriebwerk mit 2222 kg Schubkraft angetrieben, das im unteren Rumpf eingebaut war und seine Abgase unterhalb des Leitwerks ausstieß. Die Pfeilung der Tragflächen konnte im Flug zwischen 20° und 60° verändert werden, wobei ein hydraulisch angetriebenes System die unabwendbare Verlagerung des Flugzeugschwerpunktes automatisch ausglich. Spezielle Verkleidungsübergänge wurden zwischen Rumpf und Tragfläche angebracht, um sicherzustellen, daß die Vorder- und Hinterkanten der Tragflächenwurzeln stets eine glatte Oberfläche boten. Das Programm lieferte viele Ergeb-

Links: Die Bell X–5 gilt als erstes Flugzeug mit einer brauchbaren Schwenkflügel-Konstruktion. Sie wurde jedoch nur als Prototyp für Forschungszwecke gebaut.

Unten: Die XF-85 Goblin flog erstmals 1948. Dieser Jäger-Prototyp sollte von einem B-36 Bomber aus starten und anschließend wieder an das Trägerflugzeug ankoppeln.

nisse über den praktischen Gebrauch der Schwenkflügel, denn die guten Steuerungseigenschaften bei niedrigen Geschwindigkeiten mit minimaler Pfeilung der Tragflächen wirkten sich nicht negativ bei hohen Geschwindigkeiten mit maximal gepfeilten Flügeln aus.

Die Bell X–14 wurde als Senkrechtstarter entwickelt und unternahm ihren ersten Schwebeflug im Februar 1957. Die Zelle wurde so einfach und leicht wie eben möglich gestaltet. Charakteristisch waren eine offene Pilotenkanzel und ein Spornrad am Heck. In ihrer ursprünglichen Form erfolgte der Antrieb durch zwei Bristol Siddeley-Viper-Turbostrahltriebwerke, die nebeneinander in der Flugzeugnase eingebaut waren, und Ihre Abgase aus seitlich über dem Schwerpunkt am Rumpf angebrachten Hub-/Schubdüsen ausstießen. Für den Senkrechtstart wurden die Düsen senkrecht nach unten gestellt und beim Übergang zum Horizontalflug allmählich nach hinten geschwenkt. Der Übergang zum Vorwärtsflug gelang im Mai 1958. Das Flugzeug wurde später auf General Electric J85-Turbostrahltriebwerke umgerüstet.

Zu dieser Zeit interessierte sich die Gesellschaft mehr für Senkrechtstarter als für hohe Geschwindigkeiten, und ihr nächster X-Serien-Prototyp war die ungewöhnliche X–22A. Sie wurde zur Erprobung der schwenkbaren Röhrenkonfiguration in einer Flugzeugzelle entwickelt, welche die Grundlage für ein leichtes Transportflugzeug bilden sollte. Am Heck des rechteckigen Rumpfs war eine Tragfläche mit breitem Profil angebracht, deren Vorderkanten zwei Gruppen von je zwei 1250 PS starken General Electric YT58-GE-8D Turbo-Props Platz boten, die vier Propeller in ringförmigen Rohren antrieben. Letztere befanden sich an den Tragflächenenden sowie den kurzen Vorflügelspitzen. Sie konnten zwischen der Senkrecht-Stellung für Start und Landung und der Horizontal-Stellung für den Vorwärtsflug geschwenkt werden. Die Veränderung des Propeller-Anstellwinkels bewirkte die Schubkraftregulierung für die Steuerung, was durch Ausschläge des Querruders im Luftschraubenstrahl einer jeden Röhre ergänzt wurde. Die beiden ersten Prototypen flogen im März 1966. Der Typ erwies sich als ideal für die Ent-

Oben: Die X–22A gehörte zu den Prototypen von Versuchsmodellen, die Bell ab Mitte der 40er Jahre herstellte. Sie erhielt vier schwenkbare, ummantelte Propeller, die zwischen der senkrechten Stellung für Start und Landung und der waagrechten Lage für den Vorwärtsflug gedreht werden konnten.

Bell entwickelte die XV–3 als wandelbares Flugzeug mit Neigungswinkelrotoren. Die erfolgreiche Erprobung beschleunigte die Entwicklung des weltweit ersten einsatzfähigen wandelbaren

wicklung der schwenkbaren Röhrenkonfiguration und deren praktischer Verwendung.

Eine andere Art von Fortschritt war schon mit der Bell XV–3 erzielt worden, die zur Erprobung von Neigungswinkelrotoren an konvertierbaren Flugzeugen benutzt wurde. Die beiden Propeller-/Drehflügeleinheiten dieses Typs hatten einen großen Durchmesser und befanden sich an den Tragflächenenden. Senkrecht gestellt produzierten sie Auftrieb. Beim Übergang zum Vorwärtsflug schwenkten die Einheiten nach vorne, bis sie horizontal lagen. Die XV–3 war mit einem 450 PS starken Pratt & Whitney R-985 Kolbentriebwerk ausgerüstet, das sich im hinteren Rumpfteil befand und beide Propeller-/Drehflügeleinheiten über ein Zahnradsystem und Getriebewellen antrieb. Der Typ flog zum erstenmal im August 1955 und lieferte wichtige Erkenntnisse, die letztlich den Weg für die Bell XV–15 mit ihren beiden 1800 PS starken Allison T53 Turboproptriebwerken ebnete. Sie wurde fast bis zur Serienreife entwickelt und flog 1976 zum ersten Mal.

Boeing-Vertol war ein weiterer großer Verfechter dieses Flugzeugtyps in den USA. Ihr VZ-2A Kippflügler flog im August 1957. Diese Konstruktion hat viele Ähnlichkeiten mit dem Konzept der Neigungswinkelrotoren; benutzt aber Propeller-/Drehflügeleinheiten, die starr an einer

Tragfläche angebracht sind. Damit konnten einige technischen Probleme beigelegt werden. Die kompletten Tragflächen lassen sich beliebig zwischen der vertikalen und der horizontalen Position schwenken. Die VZ-ZA wurde von einem 860 PS starken Avco-Lycoming YT53-L-1 Turbo-Propellertriebwerk angetrieben. Sie unternahm viele erfolgreiche Flüge. Der Erfolg dieser beiden unterschiedlichen, aber doch ähnlichen Wege zur Entwicklung eines VTOL-Transportflugzeugs regte Bell und Boeing an, die Bell/Boeing V–22 Osprey – das erste wandelbare Transportflugzeug der Welt – mit Neigungswinkelrotoren zu bauen. Der Typ flog erstmals 1989.

Curtiss-Wright war ein weiterer Mitbewerber. Der erste seiner X–19A-Prototypen flog im Juni 1964. Er enstand aus einer Weiterentwicklung der X–100, die erstmals im März 1960 in die Luft gekommen war, und von einem 825 PS starken Avco Lycoming YT53-L-1 Turboproptriebwerk angetrieben wurde. Die X–19A entsprach in ihrer Gestaltung völlig der X–22A. Ihre schwenkbaren Hub-/Schubtriebwerkseinheiten saßen an den »Ekken« der Flugzeugzelle. Zwei 2200 PS starke Avco Lycoming T55-L5-Turboproptriebwerke trieben vier Propeller-/Drehflügeleinheiten an.

Weitere Prototypen für die VTOL-Arena stellte Doak mit der wandelbaren VZ/4DA; Dairshield mit dem VZ-5FA V/STOL-Flugzeug (STOL = Short take off and landing; zu deutsch: Kurzstarter, Flugzeug mit kurzer Startstrecke) mit ablenkbarem Luftschraubenstrahl; Lockheed mit der XV–4A Hummingbird mit verstellbarem Düsenstrahl sowie Ryan mit dem V/STOL-Typ VZ-3RY Vertiplane mit ablenkbarem Luftschraubenstrahl.

Die VZ-4DA flog erstmals im Februar 1958 mit einem 840 PS starken YT53 Turboproptriebwerk, das eine schwenkbare, ummantelte Propeller-Einheit an jedem Tragflächenende antrieb. Die VZ-5FA machte ihren Erstflug im November 1959. Ihr Antriebsaggregat bestand aus einem 1024 PS starken YT58-GE-2 Turboproptriebwerk, das vier große Luftschrauben antrieb. Sie deckten praktisch die gesamte Spannweite der Tragflächenvorderkanten ab. Großflächige VTOL-Klappen lenkten ihre Schubkraft senkrecht nach unten ab. Die X–18 startete erstmals im November 1959. Ihr Grundkonzept ähnelte der VZ-2A, sie war jedoch als Transportflugzeug-Prototyp eine größere Maschine. Die Antriebskraft erzeugten zwei je 5850 PS starke Allison T40-A–14 Turboproptriebwerke, die je eine gegenläufige Luftschrauben-/Drehflügeleinheit an den Tragflächenenden versorgten. Zusätzlich lieferte ein J34-Turbostrahltriebwerk mit 1542 kg Schub Abgase an eine im Heck eingebaute Vektorschubdüse, die zur Steuerung um die Längsachse beim Senkrechtflug benötigt wurde.

Die XV–4A flog erstmals im Juli 1962. Ihr Antrieb bestand aus zwei Pratt & Whitney JT12A–3 Turbostrahltriebwerken mit je 1497 kg Standschub. Sie konnten mit Hilfe einer Reihe von Strahlablenkungsdüsen in den Turbinen sowohl für den senkrechten Auftrieb als auch für den Vorwärtsflug eingesetzt werden. Beim Vorwärtsflug arbeitete das Flugzeug auf herkömmliche Art und Weise. Für den Senkrechtflug benutzte es Klappen, die den Abgasstrahl der Triebwerke durch zwei Ausgangsöffnungen unterhalb des Rumpfes nach unten umleiteten. Der Abgasstrahl der beiden stationären Strahltriebwerke wurde über 20 diagonale Reihen parallel geschalteter Düsen nach unten in eine Ausstoßkammer gelenkt und dort mit kalter Luft gemischt, die oben im Rumpf angebrachte Öffnungen ansaugten. Dadurch erhöhte sich der Auftrieg um rund 40 Prozent. Die VZ-3RY war eine ähnliche Konstruktion wie die VZ-5FA und flog erstmals im Dezember 1958. Ihr 1000 PS starkes T53-L-1 Turboprop trieb zwei Luftschrauben-/Drehflügeleinheiten an.

Ryan entwickelte mit der X–13 Vertijet und der XV–5 zwei weitere Senkrechtstarter. Die Form der X–13 als ein senkrecht auf dem Leitwerk sitzender Typ ähnelte der Convair XFY–1 und der Lockheed XFV–1. Ein Rolls-Royce Avon-Turbostrahltriebwerk mit 4536 kg Schub trieb dieses Forschungsflugzeug an. Es startete zum erstenmal noch konventionell mit einem provisorisch angebauten Fahrgestell im Dezember 1955. Der erste Senkrechtstart folgte im Mai 1964. Der XV–5 war der erste Typ mit »Gebläsen« in den Tragflächen. Sie flog erstmals im Mai 1964. Der Antrieb erfolgte durch zwei General Electric J85-GE-5 Turbostrahltriebwerke zu je 1205 kg Schubkraft. Die Auspuffgase konnten umgelenkt werden, um zwei in den Tragflächen untergebrachte Gebläse anzutreiben, die den benötigten Auftrieb lieferten.

Douglas war der andere große Konstrukteur von amerikanischen Hochgeschwindigkeits-Forschungsflugzeugen.

Die D-558–1 Skystreak war der erste Beitrag der Firma. Der Erstflug im Mai 1947 war der Auftakt zu einem Untersuchungsprogramm, das vor allem die Belastungen im freien Flug untersuchte, was damals noch nicht im Windkanal möglich war. Hierzu wurde die D-558–1 mit einem Druckmesssystem ausgestattet, das Werte von 400 Meßpunkten auf der Flugzeugoberfläche registrierte. Das Flugzeug mit seinem Allison J35-A–23 Turbostrahltriebwerk mit 1814 kg Schubkraft lieferte unschätzbare Forschungsdaten. Der Typ wurde später auf das J35-A–11 Triebwerk mit 2268 kg Schub umgerüstet. Damit erzielte er 1947 zwei Geschwindigkeits-Weltrekorde. Die D-558–2 Skyrocket derselben Gesellschaft war im wesentlichen eine gepfeilte Version der geradflächigen D-558–1 mit einem Westinghouse J34-WE-22 Turbostrahltriebwerk (1361 kg Schub) und einem zusätzlichen Reaction-Motors XLR-8 Raketenmotor (2272 kg Schub). Sie wurde zur Erforschung der Leistungs- und Steuerungseigenschaften der gepfeilten Tragflächen eingesetzt. Der Typ flog zum erstenmal im Februar 1948 und erbrachte wichtige Ergebnisse, darunter den ersten Flug mit einer Geschwindigkeit von über 2 Mach im November 1953.

Erheblich mehr erwartete man noch von der Douglas X–3, die wegen ihres langen, sich nach vorne verjüngenden Rumpfes und der kleinen geraden Tragflächen auch Stiletto genannt wird. Dieser Typ sollte die thermodynamischen Probleme bei Fluggeschwindigkeiten bis Mach 3, das Leistungsverhalten der Turbostrahltriebwerke bei hohen Überschallgeschwindigkeiten und die Eigenschaften der stark keilförmigen Tragflächen bei hohen Geschwindigkeiten untersuchen. Die erste X–3 flog im Oktober 1952, konnte aber ihre Möglichkeiten nicht ausschöpfen, da sich das Antriebsaggregat mit zwei Westinghouse J34-WE-7 Nachbrenner-Turbostrahltriebwerken (je 1905 kg Schub) als völlig unzureichend erwies.

Die USA unternahmen enorme Anstrengungen bei der Entwicklung von Hubfahrzeugen, die als Vorläufer bemannter Raumgleiter dienen sollten. Diese Hubfahrzeuge sollten die Überlebensfähigkeit flügelloser Flugkörper beweisen, die aus Satellitenbahnen mit Hyperschallgeschwindigkeiten wieder in die Erdatmosphäre eintreten und zu ihren Flugbasen zurückkehren sollten. Als Hauptverfechter dieser Typen traten die Firmen Martin Marietta und Northrop auf; die erste mit der X–24 und die zweite mit den Modellen M2-F2 und HL-10. Die plump aussehende X–24 wurde aus der unbemannten X–23A entwickelt. Den Schub von 3629 kg erzeugte ein Thiokol XLR-11 Raketentriebwerk. Nachdem sich die X–24A im März 1970 von ihrem Boeing B-52 Trägerflugzeug gelöst hatte, unternahm sie ihren ersten angetriebenen Flug. Er bestätigte völlig hinreichende Steuerungseigenschaften und Flugleistungen; darunter eine Höchstgeschwindigkeit von 1,62 Mach und eine Flughöhe von 32.390 m. Das Flugzeug wurde anschließend bis auf seinen Kern zerlegt und als X–24B mit neuer, spitzer Flugzeugnase und dreifachem (statt zweifachem) Seitenleitwerk wieder zusammengebaut. Die X–24B brachte ihren Erstflug im August 1973 erfolgreich hinter sich.

Die M2-F2 beruhte auf dem plumpen M2-F1 Gleiter. Sie ähnelte in ihrer gesamten Konstruktion der X–24A und wurde durch denselben Raketentriebwerks-Typ angetrieben. Die Versuche begannen im Juli 1956. Nachdem anfangs eine Reihe von Gleitflügen nach dem Ausklinken vom B-52 Trägerflugzeug unternommen worden waren, folgte der erste angetriebene Flug der M2-F2 1967. Später erhielt die Maschine als M2-F3 drei statt zwei Seitenleitwerke. Sie erbrachte bis zum Ende des Testprogramms im Jahre 1972 eine Fülle unschätzbarer Daten. Die HL-10 war der M2-F2 bis auf die Wölbung ihres Hubkörpers im D-Abschnitt sehr ähnlich. Bei der M2-F2 lagen die flachen Oberflächen oben und die gebogenen unten, bei der HL-10 war es genau umgekehrt. Nach einer Reihe von Gleitflügen, beginnnend im Dezember 1966, flog die Maschine mit eigenem Antrieb.

Außer den USA und der UDSSR bauten bis in die 70er Jahre nur Großbritannien und Frankreich Forschungs-Prototypen in nennenswerter Zahl. Über sowjetische Forschungstypen wurde bisher nur sehr wenig bekannt. Die UDSSR war allgemein mehr mit der Entwicklung von Militärflugzeugen als mit der Untersuchung grundsätzlicher aerodynamischer oder struktureller Dinge beschäftigt.

GROSSBRITANNIEN

Großbritannien anderseits hatte solch ein Interesse. Der Mangel an finanziellen Mitteln führte jedoch zu der Forderung, daß jedes Projekt auf ein verwertbares Ergeb-

Oben: Die Fairey FD.1 wurde als Prototyp zur Untersuchung der Steuerungseigenschaften eines geplanten VTOL-Jagdflugzeugs gebaut. Sie flog erstmals im März 1951.

nis ausgerichtet werden sollte. Die Armstrong Whitworth A.W.52 war zum Beispiel ein Nurflügler-Forschungstyp, der auch für die Auswertung einer Transportflugzeug-Version mit einer Anordnung von sechs Strahltriebwerken eingeplant werden mußte. Die Überprüfung der Grundkonstruktion erfolgte mit dem A.W.52G Gleiter-Modell. Das erste von insgesamt zwei A.W.52-Flugzeugen flog mit zwei Rolls-Royce Nene-Turbostrahltriebwerken (2268 kg Standschub) im November 1947.

Die Boulton Paul P.111 war eine Deltaflügel Konstruktion. Sie sollte Flugleistungen und Steuerungseigenschaften im schallnahen Geschwindigkeitsbereich untersuchen. Mit dem einem 2313 kg Schub liefernden Nene- Turbostrahltriebwerk flog die P.111 erstmals im Oktober 1950. Ab August 1952 wurde sie von der P.120 unterstützt. Sie besaß ein vollbewegliches Höhenleitwerk, das die Kontrolle um die Längsachse bei Geschwindigkeiten bis 0,98 Mach verbessern sollte.

Die Bristol Type 188 war zur Untersuchung möglicher Probleme bei Dauerflügen mit Geschwindigkeiten um 3 Mach bestimmt (Erstflug April 1963). Sie wurde hauptsächlich aus rostfreiem Stahl gebaut. Man verkürzte das Testprogramm wegen der begrenzten Flugzeit dieses Typs – die beiden de Havilland Gyron-Junior DGJ.10R Turbostrahltriebwerke verbrauchten mit eingeschaltetem Nachbrenner (je 6350 Schub) einfach zuviel Sprit.

Die Fairey Delta 1 (F.D.1) war ein weite-

BRITISH AIRCRAFT CORPORATION TSR-2

Die TSR-2 gehört zu den klassischen Beispielen von zukunftsträchtigen Projekten, die aus finanziellen Gründen scheitern; deren politischer Schaden aber letztlich bestritten wird. Sie war das Ergebnis einer Ausschreibung der Royal Air Force vom Mai 1957, die einen taktischen Atomwaffenträger sowie ein Aufklärungsflugzeug als Nachfolgemuster für die English Electric Canberra suchte. Die Maschine sollte in sehr niedrigen Höhen mit Überschallgeschwindigkeit operieren, schwere Waffen über weite Entfernungen mit großer Treffsicherheit ins Ziel bringen und durch die Anwendung eines STOL-Systems von kurzen Rollbahnen starten können. Die Royal Navy hatte mit der vortrefflichen Blackburn Buccaneer schon ein gutes Pferd im Stall. Dieser Typ erfüllte alle Anforderungen der Royal Air Force – bis auf die Geschwindigkeit. Aufgrund der Rivalitäten zwischen den Waffengattungen lehnte es die Royal Air Force jedoch strikt ab, diese ausgezeichnete Maschine auch nur in Erwägung zu ziehen.

Die Pläne mit den größten Erfolgsausichten lieferten Vickers und English Electrics (gemeinsam mit Shorts). Die Royal Air Force entschied sich für eine Mischung beider Konstruktionsvorschläge. Die britische Regierung zwang English Electric und Vickers zur Fusion in die British Aircraft Corporation, die auch Bristol Aircraft verschluckte. Die Entwicklung des neuen Flugzeugs brachte die damaligen Technologien in vielen Bereichen erheblich voran. Außer BAC (Gesamtverantwortung und Flugzeugzelle) und Bristol-Siddeley (Antriebsaggregat) wurden mehrere andere Gesellschaften in das Projekt einbezogen. Zu den größeren Zulieferfirmen gehörten Elliot Automation mit den integrierten automatischen Steuerungs- und Trägheitsnavigationssystemen; Ferranti mit dem Gelände-Verfolgungsradar sowie den Navigations- und Angriffssystemen; EMI mit dem Seitenradar für Aufklärung und zusätzliche Navigationshilfen bei Langstreckenflügen; sowie Marconi mit der Avionik.

Die Planungsphase endete 1962 und der Bau des Prototyps begann. Es mußten viele Schwierigkeiten überwunden werden, aber es bestand die Hoffnung auf ein Kampfflugzeug, das alle damals weltweit eingesetzten oder sich in der Entwicklung befindlichen Modelle bei weitem übertreffen würde. Mit der Steuerung um die Hoch- und Längsachse wurden die vollbeweglichen Höhenflossen betraut, die sich gemeinsam oder unabhängig bewegen ließen. Durch diese Anordnung konnten die Hinterkanten der Tragflächen in der ganzen Länge zum Anblasen der Landeklappen benutzt werden, was erheblich zur STOL-Befähigung der TSR-2 beitrug. Das fortschrittliche Navigations- und Angriffssystem erlaubte in Zusammenarbeit mit dem Autopiloten, Überschalltiefflüge in nur 61 m Höhe über dem jeweiligen Gelände durchzuführen.

Das Flugtestprogramm verzögerte sich wegen aufgetretener Schwierigkeiten mit dem Antriebsaggregat und den komplexen Flugzeugsystemen, aber der erste Prototyp flog im September 1964. Zu dieser Zeit stand die TSR-2 jedoch schon unter einem bösen Omen, denn die Regierung sorgte sich über die technischen Probleme und die steigenden Kosten. Kurz nach dem Erstflug kam eine Labour-Regierung an die Macht und stellte das TSR-2 Programm zugunsten der General Dynamics F-111 ein. Irrtümlich glaubte man, das amerikanische Flugzeug verspreche ähnliche Leistungen bei geringeren Kosten und ohne technisches Risiko. Das F-111 Programm litt unter vielen Problemen und steigenden Kosten, was zur Rücknahme des britischen Auftrags führte. Damit schloß sich letztlich der Kreis, und die Royal Air Force bestellte doch die Buccaneer.

BAUBESCHREIBUNG

British Aircraft Corporation TSR-2

Funktion: Taktischer Langstrecken- Nuklearbomber und Aufklärer
Besatzung: 2 Mann
Bewaffnung: In der mittleren Rumpfabteilung: 2 A-Bomben oder sechs 454 kg-Sprengbomben. An vier Außenstationen unter den Tragflächen Platz für maximal 2722 kg nuklearer oder konventioneller Bombenlast oder vier AS-30 Luft-Boden-Raketen.
Elektronik und Navigation: Funk- und Navigationssysteme; vorwärts gerichtete, seitwärts gerichtete und seitlich schrägschauende Radarsysteme; digitales Navigations- und Angriffssystem; Trägheitsnavigationssystem; Blickfeld-Darstellungsgerät (HUD) und verschiedene elektronische Lenksysteme.
Triebwerk: Zwei 13.885 kg Schub erzeugende Bristol-Siddeley Olympus MK 320 Turbostrahltriebwerke mit Nachbrenner.
Leistung: Maximale Geschwindigkeit 2185 km/h oder Mach 2,05 in großer Höhe; 1352 km/h oder Mach 1,27 in Meereshöhe; Einsatzradius 1853 km mit 907 kg Waffen im Rumpfabteil.
Gewicht: Leergewicht 22.344 kg; maximales Startgewicht 34.500 kg. **Abmessungen:** Spannweite 11,28 m; Länge 27,13 m; Höhe 7,32 m; Tragflächenoberfläche 65,03 qm.

res Flugzeug, das eigentlich zur VTOL Forschung mit Starts von einer geneigten Rampe entwickelt, dann aber zur Untersuchung der Flugeigenschaften von Flugzeugen mit Deltaflügeln eingesetzt wurde. Der Typ flog erstmals im März 1951, seine Steuerungsmerkmale erwiesen sich jedoch als so schlecht, daß er bald aufgegeben wurde. Mehr Erfolg hatte die Fairey Delta 2 (F.D.2), die zum erstenmal im Oktober 1954 flog. Sie diente zur Überprüfung der Flugeigenschaften und der Flugzeugsteuerung bei schallnahen und Überschallgeschwindigkeiten. Angetrieben von einem Rolls-Royce Avon RA.5 Triebwerk mit Nachbrenner (5443 kg Schubkraft) erreichte die erste F.D.2 im März 1956 den ersten Geschwindigkeitsweltrekord über 1600 km/h. Die in zwei Flügen aufgezeichnete durchschnittliche Höchstgeschwindigkeit betrug 1821 km/h. Das zweite Flugzeug war mit einem RA.28-Triebwerk mit Nachbrenner bestückt (5896 kg Schub). Es half, das ursprüngliche F.D.2-Flugprogramm zu einem wichtigen Forschungsprojekt auszudehnen. Die erste Maschine wurde später zur British Aircraft Corporation 222 überarbeitet und erprobte die Spitzbogenflügel für das geplante anglofranzösische Überschallverkehrsflugzeug, das schließlich in Form der BAC/Aerospatiale Concorde in Erscheinung trat. Die Concorde übernahm noch ein weiteres Merkmal der F.D.2, die absenkbare Flugzeugnase, die dem Flugkapitän zu einem ausreichenden Blickfeld bei Start und Landung verhilft.

Die Hunting (später British Aircraft Corporation) H.126 war ein einfacher Typ mit einem festen dreirädrigen Fahrwerk. Ihr Antriebsaggregat bestand aus einem Bristol Siddeley Orpheus Turbostrahltriebwerk. Sie sollte das Düsen-Klappenkonzept untersuchen. Dabei wird der Abgasstrahl des Triebwerks über Ablenkplatten geleitet und kann so einen weitaus höheren Auftrieb erzeugen. Die H.126 flog erstmals im März 1963 und erwies sich als großer Erfolg.

Short produzierte mit der S.B.4 Sherpa und der S.B.5 zwei interessante Typen. Der erstgenannte war ein Flugzeug ohne Leitwerk mit zwei je 150 kg Schub erzeugenden Torbomeca Palas-Turbostrahltriebwerken. Der Typ flog erstmals im Oktober 1953. Er besaß eine 42°22′ gepfeilte Tragfläche und wurde zur Erprobung des Flächenneigungs-Konzepts eingesetzt. Das erforderte eine biegsame anstatt einer starren Tragflächenbauweise. Die

FLIGHT REFUELLING/GEC AVIONICS PHOENIX

Ferngelenkte Luftfahrzeuge oder Drohnen (RPV = Remotely piloted vehicle) wurden schon vor vielen Jahren für verschiedene taktische Aufgaben vorgesehen. Die Entwicklungen kamen aber in der Regel nicht über das Prototypen-Stadium hinaus. Eine Ausnahme bildeten die in natürlicher Größe gebauten Zieldarstellungs-Modelle, die zur Überprüfung der Treffsicherheit von Luft-Luft- und Boden-Luft-Raketen dienten. Technische Fortschritte bei den Materialien und den Fernlenksystemen machten solche Flugkörper möglich. Sie führten zu einer wahren Typen-Explosion an Land- und Seeaufklärungsdrohnen.

Das kleine RPV ist preiswert in der Anschaffung wie im Unterhalt und einfach zu bedienen. Es bietet aber interessante Aufklärungsmöglichkeiten, besonders wenn es mit modernen Sensoren und Datenübertragungssystemen ausgerüstet ist, welche die Informationen direkt an die Bodenleitstelle weitergeben. Die taktische Anpassungsfähigkeit und große Überlebensfähigkeit des Aufklärungs-RPV wird durch seine geringen elektromagnetischen, thermischen und akustischen Ausstrahlungen noch verstärkt. All das macht das RPV zu einem schwer zu erfassenden Ziel, wobei sich der Abschuß durchaus verschmerzen läßt. Da das RPV keinen Piloten benötigt und zudem verhältnismäßig wenig kostet kann man es erhöhten Gefahren aussetzen, für die bemannte Flugkörper nicht infrage kämen.

Die britischen Landstreitkräfte wählten für das RPV das Phoenix-Zielerfassungs- und Überwachungssystem; eine Kombination aus der Flight-Refuelling-Phoenix und einem GEC Avionic-Sensor – der in einem Behälter unter dem Flugmodell untergebracht ist – sowie dem dazugehörigen Übermittlungssystem. Letzteres wird zur Steuerung der Phoenix durch die Bodenleitstelle und zur Übermittlung der Daten aus der Luft an die Bodenkontrolle benutzt. Das Fluggerät wird mit einem Gasdruck-Katapult von einem Lastwagen aus gestartet. Es besitzt eine kleine Zelle, deren Doppelleitwerk an zwei kurzen Auslegern hinter den Tragflächen angebracht ist, ein Steuerungssystem, eine Navigationsausrüstung sowie einen Fallschirm im hinteren Gondelabschnitt, mit dessen Hilfe das Fluggerät am Ende des Fluges wieder sicher landet. Der Aufklärungssensor befindet sich in einem Behälter unter dem Rumpf. Er besteht aus einem um die Längsachse stabilisierten Infrarotgerät, das ein sehr scharfes Bild an die Bodenleitstelle liefert.

BAUBESCHREIBUNG

Flight Refuelling/ GEC Avionics Phoenix

Funktion: Ferngelenktes taktisches Zielerfassungs- und Aufklärungsfluggerät
Besatzung: Unbemannt
Elektronik und Ausrüstung: Flugsteuerungssystem und Aufklärungssensor
Triebwerk: Ein 25 PS starker Zweitaktmotor
Leistung: Höchstgeschwindigkeit 185 km/h; maximale Flugdauer: 4 Stunden
Gewicht: Maximales Startgewicht 141 kg
Abmessungen: Spannweite 4,20 m; Länge 3,40 m

B 06
GEC AVIONICS
C970DUU

Flügelspitzen waren beweglich und dienten beim gemeinsamen Ausschlag in einer Richtung als Höhenruder; bei unterschiedlicher Bewegungsrichtung als Querruder. Die S.B.5 mit ihrem 1588 kg Schub liefernden Derwent-Turbostrahltriebwerk flog erstmals im Dezember 1952 . Obwohl sie aerodynamisch dem Mach-2-Modell English Electric P.1 nachgebaut war, sollte sie Eigenschaften der gepfeilten Tragflächen im Langsamflug untersuchen. Hierzu wurde das Flugzeug mit Tragflächen ausgestattet, deren Pfeilung am Boden unterschiedlich eingestellt werden konnte. Zum Flug mit dem T-Leitwerk konnte man Pfeilungen im Winkel von 50°, 60° oder 69° wählen; beim herkömmlichen Leitwerk wählte man 60°.

FRANKREICH

Die französische Luftfahrtindustrie entwickelte einige recht bemerkenswerte Forschungsflugzeuge. Zu den ausgefallensten Typen gehörten die Leduc mit ihrem Staustrahltriebwerk sowie der Senkrechtstarter SNECMA C.450 Coleoptere mit ringförmigen Tragflächen. Die Leduc-Modelle charakterisierte eine zentral im Luftansaugschacht des Staustrahltriebwerks gelegene Pilotenkanzel. Sie benötigten zum Start die Hilfe eines Trägerflugzeugs. Die Leduc 0.10 flog mit Antrieb erstmals im April 1949 und erreichte mit ihrem 2000 kg Schub erzeugenden Staustrahltriebwerk eine Geschwindigkeit von 0,84 Mach. Die nachfolgende, wesentlich größere Leduc 0.21 flog zum erstenmal im Mai 1953 und erzielte mit ihrem 6500 kg Schub liefernden Staustrahltriebwerk eine Geschwindigkeit von 1000 km/h. Die weiter verbesserte Leduc 0.22 erhielt ein SNECMA Atar-D3-Turbostrahltriebwerk. Damit konnte sie alleine starten und auf eine Geschwindigkeit beschleunigen, die zur Zündung des Staustrahltriebwerks notwendig war. Das ganze Programm wurde jedoch 1957 gestrichen, als Frankreich eine Finanzkrise durchmachte.

Die C.450 Coleoptere stammte von der Atar Volant Versuchsmaschine ab und ver-

Oben: Die Mitsubishi FSX stellt eine japanische Weiterentwicklung der General Dynamics F-16 Fighting Falcon dar; soll aber noch wendiger werden als das Vorbild.

knüpfte die Konzeption des senkrecht auf dem Heck sitzenden Typs mit einer ringförmigen Tragfläche. Angetrieben von einem 3700 kg Schub erzeugenden SNECMA Atar-101E.V-Turbostrahltriebwerk flog die Cleoptere erstmals im Mai 1959. Sie beendete ein begrenztes Testprogramm, bevor sie durch einen Unfall verloren ging.

AKTUELLE ENTWICKLUNGEN

Während der 70er und zu Beginn der 80er Jahre leisteten Flugzeug-Ingenieure und Wissenschaftler bedeutsame Forschungsarbeit in vielen aerodynamischen Teilbereichen. Im wesentlichen wurden aber bereits vorhandene Flugzeugtypen umgestaltet. So änderte zum Beispiel die British Aerospace die SEPECAT Jaguar zur Erprobung der elektronischen Steuerung (Fly-by-Wire), und General Dynamics die F-16 Fighting Falcon in die F-16/AFTI zur Untersuchung der direkten Steuerung in der gesamten Umgebung des CCV-Bereichs (Control-Configured-Vehicle) des AFTI-Programms (Advanced Fighter Technology Integration), das zur teilweisen Verbesserung der Manövrierfähigkeit der Jagdflugzeuge geschaffen worden war.

Ab Mitte der 80er Jahre entstand eine neue Generation von Forschungsflugzeu-

Oben: Die General Dynamics F-16XL ist eine weitere Spielart der F-16 Fighting Falcon. Sie besitzt jedoch einen anderen Tragflächengrundriß. Trotz größerer Treibstoffkapazität und höherer Zuladung an den Außenposititonen zeigte sie bessere Flugleistungen. Diese Version flog erstmals im August 1982.

gen. Sie umfaßte Typen wie die Grumman X–29A mit ihren am hinteren Rumpf angebrachten, vorwärtsgepfeilten Tragflächen und zusätzlichen Entenvorflügeln; das ferngesteuerte Rockwell HIMAT-Fluggerät für die Erprobung verschiedener Formen zur Erhöhung der Wendigkeit oder die Rockwell/MBB X–31 zur Erprobung und Erforschung extremer Flugmanöver, die nach der Entwicklung in den USA und Deutschland bis Mitte der 90er Jahre fliegen soll.

Sehr praxisbezogene Prototypen waren die British Aerospace EAP und die Dassault-Breguet Rafale, die Teile der Eurofighter EFA- und Rafale-Kampfflugzeuge erprobten, die noch in den 90er Jahren in Dienst gestellt werden sollen.

Rechts: Die Rockwell XFV–12A diente als Vorführmodell für das SVTOL-Konzept der Auftriebsverstärkung über die Tragflächen. Obwohl bei der Entwicklung viele Schwierigkeiten auftraten, wurden zuletzt vielversprechende Ergebnisse erzielt.

Unten: Die General Dynamics F-16/79 flog erstmals im Oktober 1980. Als leicht abgewertete (und damit preiswertere) Spielart der F-16 Fighting Falcon erhielt das Exportmodell ein General Eletric J79 Turbostrahltriebwerk anstelle des Mantelstromtriebwerks.

ROCKWELL HiMAT

In den 70er Jahren wurde in Luftfahrtkreisen viel über die Grenzen der Manövrierfähigkeit von Jagdflugzeugen diskutiert, die mit den vorhandenen Struktur- und Antriebstechnologien erreichbar waren. Die NASA und die US-Luftwaffe schlossen mit Rockwell einen Vertrag über den Bau von zwei Prototypen des HIMAT- (Highly Manoeuvrable Aircraft Technology) Projektes, mit deren Hilfe die Grenzen der bisherigen Manövrierbereiche erforscht werden sollten. Es handelte sich um ein ferngelenktes, unbemanntes Forschungsflugzeug. Ohne Piloten konnte der Flugkörper kleiner und damit kostengünstiger gebaut und eingesetzt werden. Zusätzlich ließen sich hohe andauernde g-Belastungen ausprobieren, die Flugzeugführer schwerlich ausgehalten hätten.

Der HIMAT-Konstruktionsentwurf wurde für eine Belastung von 12 g ausgelegt und als Modelltyp entwickelt, an dem sich mehrere Hauptbaugruppen austauschen ließen. Dies betraf vor allem verschiedene Grundrißformen, unterschiedliche Schubvektordüsen und modifizierte, hochempfindliche Tragflächentypen, die höheren Auftrieb bei geringerem Widerstand boten. Kernstück des Flugkörpers war ein Rumpf mit einem unteren Luftansaugschacht und zwei rückwärtigen Leitwerksträgern, sowie ein einfahrbares Fahrwerk mit drei Kufen. Die Grundkonfiguration der HIMAT wurde durch leicht gepfeilte Tragflächen, nach außen gekantete Seitenleitwerkflossen, die an zwei kurzen, längsseits des Strahlrohrs liegenden Trägern angebracht waren, sowie zwei erstaunlich großen, beweglichen Entenvorflügel ergänzt, deren Fläche fast ebenso groß wie die der Haupttragflächen war. Etwa 90 Prozent der Außenhaut bestand aus einer Graphitfaser-Verbindung. Die HIMAT konnte konventionell starten, aber für ausgedehnte Forschungseinsätze brachte ein Boeing NB-52 Stratofortress-Trägerflugzeug das Fluggerät unter seiner rechten Tragfläche auf eine Starthöhe von 13.715 m (45000 ft). Die Flugsteuerung übernahm ein Piloten in einer Bodenstation, wobei eine zusätzliche Kontrollmöglichkeit durch einen weiteren Flugzeugführer an Bord des Lockheed TF-104G Starfighter-Begleitflugzeuges bestand.

Die erste HIMAT wurde im Juni 1978 ausgeliefert, und die beiden Fluggeräte führten ihre ersten Flüge im Juni 1979, beziehungsweise im Juli 1981 durch. Das Flugtestprogramm befaßte sich vor allem mit verschiedenen Steuerungsmechanismen und -abläufen; mit der Leistungsfähigkeit verbundener Strukturen (einschließlich der

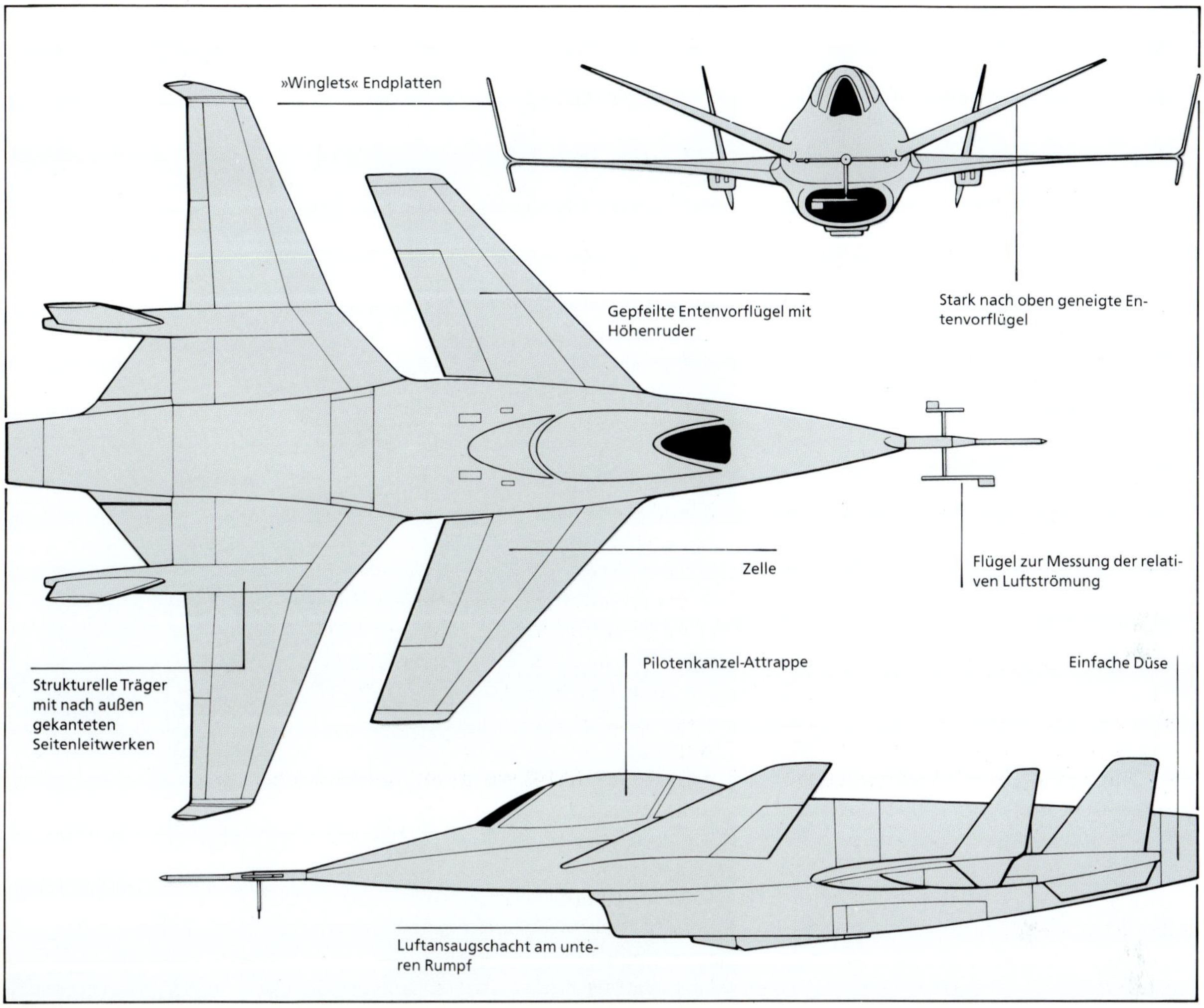

»Winglets« Endplatten

Gepfeilte Entenvorflügel mit Höhenruder

Stark nach oben geneigte Entenvorflügel

Flügel zur Messung der relativen Luftströmung

Zelle

Strukturelle Träger mit nach außen gekanteten Seitenleitwerken

Pilotenkanzel-Attrappe

Einfache Düse

Luftansaugschacht am unteren Rumpf

Verwindungsfestigkeit als Teil der Erprobung maßgeschnittener elastischer Tragflächen); sowie mit der Wechselwirkung der eng miteinander verknüpften Entenvorflügel, Tragflächen, »Winglets« und Steuerflossen. Die HIMAT erwies sich als außerordentlich manövrierfähig. Ihre Wendigkeit war etwa doppelt so groß wie die der Jagdflugzeuge General Dynamics F-16 Fighting Falcon und der McDonnell Douglas F-15 Eagle. Die Testflüge bestätigten im wesentlichen die Erwartungen des Konstruktionsteams. Dennoch wurde das HIMAT-Programm nach der Testsaison 1983 eingestellt, da die finanziellen Mittel gestrichen wurden. Dabei hätte die HIMAT noch in einigen ehrgeizigeren Spielarten fliegen sollen, die der Modellentwurf und die besondere Bauweise möglich machten.

BAUBESCHREIBUNG

Rockwell HiMAT

Funktion: Ferngelenkter Flugkörper zur Erforschung extremer Manövrierfähigkeit
Besatzung: Unbemannt
Elektronik und Ausrüstung: Steuerungssystem mit TV, Übermittlung von Meßwerten über Funk und Radar, ein Satz von 164 Forschungsmeßgeräten
Triebwerk: Ein 2268 kg Schub lieferndes General Electric J85-GE-21 Turbostrahltriebwerk mit Nachbrenner
Leistung: Maximale Geschwindigkeit 1710 km/h oder Mach 1,6 in großen Höhen; durchschnittliche Flugdauer 30 Minuten
Gewicht: Leergewicht 1200 kg; maximales Startgewicht 1528 kg
Abmessungen: Spannweite 4,755 m; Länge mit Staurohr 6,86 m; Höhe 1,31 m; Flügelfläche nicht veröffentlicht

Rechts und unten links: Die EAP der British Aerospace wurde mit Unterstützung der Industrie und der Regierung entwickelt. Sie ist ein Demonstrationsflugzeug für neue Technologien. So bestehen viele Teile aus Titan oder aus neuen Materialverbindungen und Legierungen.

Unten: Die Dassault-Breguet Rafale-A (links, zusammen mit der Mirage 2000) ist ein Demonstrationsflugzeug für moderne Technologien. Aus diesem Modell werden die etwas kleineren land- und trägergestützten Rafale-D-, beziehungsweise Rafale-M-Jäger entwickelt. Das Programm läuft parallel zu dem deutsch-/britisch-/italienischen Eurofighter EFA-Projekt, das die Konzepte der BAe EAP übernimmt.

SUN AEROSPACE SUN RAY 100

In den USA wächst die Zahl der Firmen ständig, die den blühenden Hobby- und Heimwerkermarkt versorgen. Sun Aerospace in Nappane/Indiana ist ein vergleichsweise kleiner Konzern. Die Firma stellt hauptsächlich den Enten -Flügler Sun Ray 100 her, der erstmals im September 1983 flog. Diese Maschine gehört zu den Sportflugzeug-Typen, die auf die Erfahrungen von Burt Rutan mit Entenflügeln aufbauen.

Der Typ ist als Bausatz lieferbar. Zum Zusammenbau braucht der Käufer etwa 500 Arbeitsstunden. Das Ergebnis ist ein solider Einsitzer mit einer geschlossenen Pilotenkanzel und einem festen dreirädrigen Fahrwerk. Die großen Seitenleitwerksflächen neben dem Motor und seiner Druckschraube prägen die Maschine.

Die Sun Ray 100 ist ein typischer Vertreter der Eigenbau-Flugzeuge, die der Markt derzeit anbietet. Das Kernstück bildet der Rumpf. Er setzt sich aus zusammengeschweißten Röhren einer Aluminiumlegierung zusammen, die mit drei vorgefertigten Schalen aus Glasfiber bespannt sind. Die Haupttragfläche ist auf dem hinteren Rumpfrücken angebracht und bis zu den Seitenleitwerksflächen stark nach unten geneigt. Von dort verläuft sie nach außen eben weiter. Die Tragfläche besitzt ausgedehnte Versteifungen aus Fichtenholz und besitzt Flügelvorderkanten aus Glasfiber, Hinterkanten aus einer Aluminiumlegierung und Glasfiberbeschichtete Rippen. Die gesamte Fläche ist mit Ceconite- oder Stits-Polyfaserstoff bespannt. Die Entenvorflügel haben eine vorgefertigte Beschichtung aus Glasfiber. Alle Steuerflächen (Doppelseitenleitwerk, zwei Querruder an der Tragfläche und zwei Höhenruder an den Entenvorflügeln) bestehen aus Aluminium.

Gesellschaften wie die Sun Aerospace bemühen sich eifrig, alle Möglichkeiten eines erfolgreichen Grundmodells auszuschöpfen. So plante die Firma eine eine Amphibien-Version der Sun Ray 100 und einen Doppelsitzer mit der Bezeichnung Sun Ray 200.

BAUBESCHREIBUNG

Sun Aerospace Sun Ray 100

Funktion: Leichtes Sportflugzeug
Besatzung: 1 Mann
Elektronik und Ausstattung: Vorkehrungen für Radio- und Navigationsausrüstung
Triebwerk: Ein 38,8 PS Rotax 503 Zweitaktmotor
Leistung: Maximale Reisegeschwindigkeit 161 km/h in optimaler Flughöhe; anfängliche Steigrate 244 m/min; Dienstgipfelhöhe 4115 m; Reichweite 684 km
Gewicht: Leergewicht 249 kg; maximales Startgewicht 386 kg
Abmessungen: Spannweite 9,75 m; Länge 3,96 m; Höhe 1,83 m; Flügelfläche mit Entenvorflügel 14,59 qm

HOLCOMB PERIGEE

Kunden und Konstrukteure bevorzugen scheinbar zunehmend unorthodoxe Maschinen. Diese werden entweder auf optimale Leistung oder eine möglichst einfache Montage ausgelegt. Zu den interessantesten Selbstbau-Prototypen zählt die von Jerry Holcomb entwickelte Perigee (anfangs Ultra-Imp benannt) der Firma Perigee Associates. Der Prototyp flog im April 1987. Die Maschine wurde nach der TPG-Bauweise gefertigt, die für die Aerocar Micro-Imp entwickelt worden war. Sie ist eine Spielart der Mini-Imp, die eindeutig die Grundidee zur Perigee lieferte.

Die TPG (Taylor Paper Glass)-Bauweise entwickelte Moulton B. Taylor, Präsident und Generaldirektor von Aerocar. Die Gesellschaft wurde 1948 eigens gegründet, um Taylors außergewöhnliches Konzept eines »Fliegenden Autos« zu verwirklichen. TPG besteht aus einem Papierkern mit Metalleinlagen zum Ausgleich der Druckbelastungen, der von Glasfiber und eine Esterharz-Grundmasse umgeben und mit reißfestem Dacron (einer Kunstfaser aus Polyester und Styrol) überzogen wird. Die Mini-Imp und Micro-Imp besitzen einziehbare, dreirädrige Fahrwerke. Die Perigee hat dagegen ein festes Fahrwerk mit einem Spornrad und zwei gespreizten Hauptfahrwerk-Federbeinen, die in Verkleidungen um die Laufräder enden. Der Grund für den Einbau eines Spornrades war die Änderung des Y-förmigen Leitwerks. Im Vergleich zu den anderen Aerocar-Typen wurde das Leitwerk bei der Perigee um 180° gedreht. Dadurch zeigt das Seitenleitwerk senkrecht nach unten; ganz unten sitzt das Spornrad.

Der stromlinienförmige Rumpf zeigt eine gemischte Bauweise. Die Rumpfholme bestehen aus Fichtenholz; die Querspanten, der Boden der Pilotenkabine, das kegelförmige Heck und die seitlichen Verkleidungen aus TPG, die Flugzeugnase aus Glasfiber und einige andere Teile aus einer Aluminiumlegierung. Die versteifte hochsitzende Tragfläche besitzt einen Hauptholm aus einer Aluminiumlegierung und TPG, einen Hinterholm aus Fichtenholz und TPG, hölzerne Hauptrippen, Vorderrippen aus TPG, eine Flügelvorderkante aus Glasfiber und hinter dem Hauptholm eine Leinwandbespannung. Die sich über die gesamte Spannweite erstreckenden Landeklappen und Querruder bestehen aus Polystrol-Kunststoffschaum, der mit Folien einer Aluminiumlegierung überzogen ist. Die drei Flossen des Leitwerks sind ähnlich konstruiert. Der Antrieb erfolgt durch eine zweiblättrige Druckschraube.

BAUBESCHREIBUNG

Holcomb Perigee

Funktion: Leichtes Sportflugzeug
Besatzung: 1 Mann
Elektronik und Ausstattung: Aufnahmevorrichtungen für Funk- und Navigationsausrüstung
Triebwerk: Ein 38 PS Cuyuna-430- Kolbenmotor
Leistung: Maximale Geschwindigkeit 193 km/h in optimaler Flughöhe; anfängliche Steigrate 213 m/min; Dienstgipfelhöhe 3810 m; Reichweite 322 km
Gewicht: Leergewicht 172 kg; maximales Startgewicht 326 kg
Abmessungen: Spannweite 8,53 m; Länge 4,78 m; Höhe 1,57 m; Flügelfläche 7,53 qm

RUTAN VARIEZE

Elbert (Burt) L. Rutan gehört zu den schöpferischsten Flugzeugkonstrukteuren der Welt. Er bevorzugt ungewöhnliche Formen und moderne Materialien. Obwohl einige Designer vor ihm große Schwierigkeiten mit Entenflüglern hatten, entschied er sich trotzdem für diese charakteristische Formgebung. Er feierte mit der Entwicklung mehrerer Entenvorflügel-Leichtflugzeuge, die alle erstklassige Flugeigenschaften besaßen, große Erfolge.

Der Reiz dieser Anordnung besteht unter anderem darin, daß die Vorflügel den Luftstrom über die Hauptflügel glätten; besonders bei hohen Anstellwinkeln, die zum Abreißen der Strömung führen können. Zudem liefern die Stummel einen Beitrag zum Gesamtauftrieb. Bei konventionellen Flugzeugen übt die Höhenflosse in der Regel Druck nach unten aus. Während des Startvorgangs ist es notwendig, das Höhenruder anzuziehen, damit sich die Flugzeugnase hebt und das Heck senkt. Diese Maßnahme drückt das Flugzeug wiederum stärker auf die Startbahn und verlängert so die Startstrecke. Bei den Maschinen mit Entenflügeln trifft genau das Gegenteil zu: Der von den Vorflügeln erzeugte Auftrieb zwingt die Nase hoch und hebt das Flugzeug vom Boden ab. Dadurch verkürzt sich die Startstrecke. 1968 begann Rutan mit der Entwicklung seines Modell 27, das erstmals im Mai 1972 flog und zum VariViggen Entenflügler auf dem Heimwerkermarkt wurde. Die VariViggen ist ein zwei- oder viersitziges Leichtflugzeug mit einer gestutzten Delta-Tragfläche. Der 150 PS starke, luftgekühlte Avco Lycoming O-320-A2A Boxermotor verleiht ihr eine Höchstgeschwindigkeit von 262 km/h in Meereshöhe bei einem Startgewicht von 771 kg. Die Reichweite beträgt mit 132 Liter Benzin 644 km. Die Modell-27-Version eignet sich nicht zum Trudeln oder zum Üben überzogener Flugzustände im herkömmlichen Sinn. Mit der Modell-32-Version wurden (absichtlich) überzogene Flugzustände wieder möglich. Sie erhielt außen an den Tragflächen neue Verkleidungsbleche aus Urethan und Glasfiber anstelle der

LIGETI AERO-NAUTICAL STRATOS

Die Stratos gehört zu den interessantesten Leichtflugzeug-Prototypen, wenngleich ihre Zukunft nach dem Tod ihres Konstrukteurs ungewiß bleibt. Sie stammt aus Australien und flog erstmals im April 1985. Konstrukteur Ligeti entwickelte das Flugzeug, um die aerodynamischen und strukturellen Vorteile eines gemischten Typs zu beweisen. Er verband die Leistungsfähigkeit der Entenflügel mit einer großen Flügelfläche (bei geringer Gesamtspannweite des Tandem-Tragflächengrundrisses) sowie der Festigkeit der versteiften Doppeldekkerbauweise. Die kompakten Abmessungen der Stratos erlauben, die voll aufgerüstete Maschine auf einen handelsüblichen Anhänger zu verladen und in jeder normalen Garage abzustellen. Dazu muß das Flugzeug nicht vorher zeitraubend zerlegt (und später wieder zusammengebaut) werden.

Kennzeichen der Stratos ist der kurze stromlinienförmige Rumpf. Er besteht aus einer festen Schaummasse, die mit Kunststoff und Glasfiber überzogen ist. Der Rumpf hält die zweirädrige feste Fahrwerkgestell-Haupteinheit, die von zwei Stützrädern unter den Enden der Entenvorflügel ergänzt wird; sowie das Triebwerk und die Tragflächen. Das Antriebsaggregat besteht aus einem kleinen Kolbenmotor. Die Druckschraube umgibt ein Ring mit einem Innendurchmesser von 0,65 m – dies erhöht die Leistung. Die Tragflächen weisen dieselbe Bauweise wie der Rumpf auf. Ihre Holme bestehen aus Karbonfaser. Sie umfassen gerade Tragflächen, die hinten am Rumpf befestigt sind und in den Seitenleitwerken enden. Diese strecken sich nach unten und stellen so die physikalische und aerodynamische Verbindung mit den Entenvorflügeln her.

bisherigen Aluminiumlegierung.

Bei der VariEze blieb man bei demselben Grundkonzept. Sie wurde 1974 entwickelt. Sie erhielt statt des elektrisch einfahrbaren Dreibein-Fahrwerks eine dreirädrige Fahrgestellanordnung mit einem mechanisch einziehbarem Bugrad und zwei festen Hauptfahrwerksgestellen aus Glasfiber. Das Bugrad kann am Boden eingefahren werden. Diese Bauweise erleichtert den Zugang zum Cockpit, bietet größere Bodenfreiheit des Propellers bei einem manuellen Start und macht Bremskeile überflüssig. Die gesamte Flugzeugzelle besteht aus einem Kunstoff-Schaumkern, der mit (in einer Richtung verlaufenden) Glasfiberfolie überzogen ist.

Die Weiterentwicklung der VariEze führte 1979 zu dem Modell 61 Long-EZ. Es erhielt einen stärkeren Antrieb (einen luftgekühlten, 115 PS starken Avco Lycoming O-235 Boxermotor), gepfeilte Tragflächen mit größerer Spannweite, ein Nashornförmiges Seitenruder am Bug und weitere Verbesserungen. Die Leistungsfähigkeit der Long-EZ wird durch zwei Klassenrekorde unterstrichen, die Dick Rutan, der Bruder des Konstrukteurs mit der Maschine aufstellte: ein Langstreckenrekord von 7725,3 km auf einem Rundkurs und einen Langstreckenrekord von 7344,56 km im Geradeausflug.

BAUBESCHREIBUNG

Rutan VariEze

Funktion: Leichtes Sportflugzeug
Besatzung: Zwei Mann hintereinander
Elektronik und Ausstattung: Funk- und Navigationsausrüstung
Triebwerk: Ein 100 PS Continental O-200-B luftgekühlter Boxermotor
Leistung: Maximale Reisegeschwindigkeit 313 km/h in optimaler Flughöhe; anfängliche Steigrate 487 m/min; Reichweite 1368 km
Gewicht: Leergewicht 263 kg; maximales Startgewicht 476 kg
Abmessungen: Spannweite 6,77 m; Länge 4,32 m; Höhe 1,83 m; Flügelfläche 4,98 qm; Entenvorflügelfläche 1,21qm

BAUBESCHREIBUNG

Ligeti Aero-Nautical Stratos

Funktion: Ultraleichtes Sport- und Experimentalflugzeug
Besatzung: 1 Mann
Elektronik und Ausstattung: Vorrichtungen für Funk- und Navigationsgeräte
Triebwerk: Ein luftgekühlter 28 PS Konig SD 570 Viertakt-Sternmotor
Leistung: Höchstgeschwindigkeit 200 km/h in optimaler Flughöhe; anfängliche Steigrate 204 m/min; Dienstgipfelhöhe 4500 m; Reichweite 720 km
Gewicht: Leergewicht 78 kg; maximales Startgewicht 188 kg
Abmessungen: Spannweite 5,36 m; Länge 2,49 m; Höhe 0,99 m; Flügelfläche mit Entenvorflügel 7,53 qm

STICHWORT-VERZEICHNIS

Kursiv gedruckte Seitenzahlen weisen auf Abbildungen hin.

A

B

C

D

E

F

G

H

Bildnachweis:

British Aerospace: 110

Robert Jackson: Seiten 6, 8–10, 11–13, 22, 23 (unten), 24–26, 30–32, 33 (unten), 34–39, 43–44, 48–49, 60–62, 72, 73 (unten), 76, 82–85, 87, 104 (oben), 109

MARS: Alle Bilder auf dem Schutzumschlag und Seiten 2, 7, 10–11, 14–17, 23 (oben), 33 (oben), 33–34, 40–42, 45–47, 50–54, 58–59, 63–69, 78, 80–81, 86, 88–89, 92–97, 100–103, 104 (unten), 105–106, 114–117, 120–121

Quadrant/Flight: Seiten 20–21, 28–29, 54–55, 73 (oben), 77, 79, 112–113, 116–117, 118–119 (unten), 122–125

Salamander: Seiten 18–19, 56–57, 70–71, 74–75, 90–91, 98–99, 117, 118–119 (oben)

TRH Pictures: Seite 27